ポアンカレ予想に関わる図形たち

ここでは、ポアンカレ予想と
低次元幾何学(トポロジー)に関連して、
本書に登場するさまざまな図形(曲面,結び目／絡み目,
多面体)を紹介しています.まずは、綺麗な画像を見て、
想像力をふくらませてください.
そして本文を読み進め、
関連する箇所まで来たら、また
見返してもらえたらと思います.

ポアンカレ予想に関わる図形たち Ⅰ

▼ 向き付不可能な閉曲面としてよく知られている①②射影平面（クロスキャップ）と③クラインの壺（クライン・ボトル）

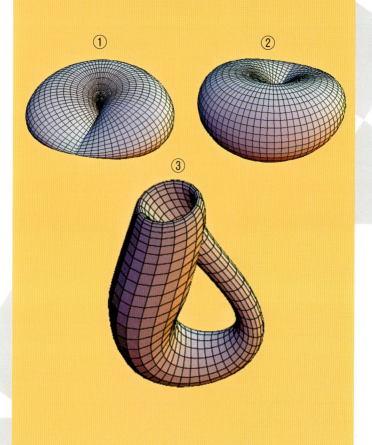

▼ 3次元トーラスを中から見ると…
無限に広がる宇宙空間のフライトシミュレーター

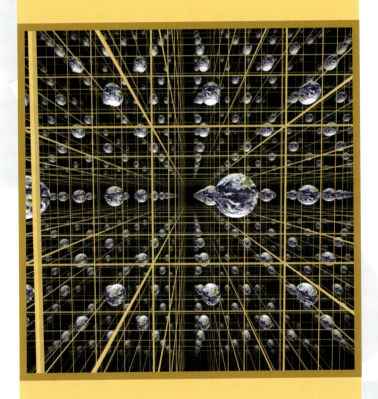

ポアンカレ予想に関わる図形たち Ⅲ

▼ ポアンカレ予想の研究で有名なJ.H.C. ホワイトヘッドにちなんでホワイトヘッド絡み目と呼ばれる絡み目. 現在, 国際数学オリンピックのロゴマークになっています.

**国際数学オリンピック
(International Mathematical Olympiad, IMO)とは…**
毎年行われる高校生を対象とした数学の問題を解く能力を競う国際大会

▼ 双曲的な曲面の様子. 鞍点と呼ばれる中心点●の周りには360°以上の角度が集まっています.

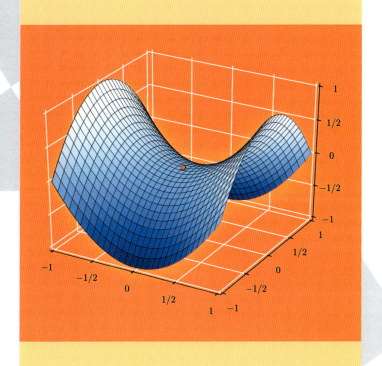

ポアンカレ予想に関わる図形たち

▼（左上）双曲正12面体．それぞれ隣り合う面のなす角は72°で，ユークリッド空間内のものより，かなり「とがって」います．

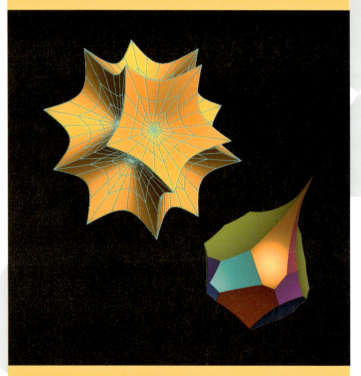

▲（右下）双曲幾何構造が入る3次元多様体を作るための元となる多面体．実は，同じ色の面を貼り合わせると，結び目の補空間が出来上がります．

▼ 3次元球面のねじれ積の様子. 発見したH. ホップにちなんで, ホップ・ファイブレーションと呼ばれています. 円周が束になって, 空間を埋め尽くしています.

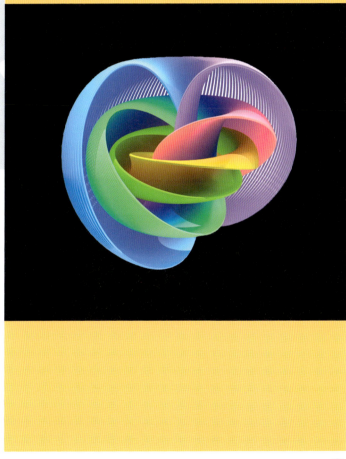

ポアンカレ予想に関わる図形たち

◀▼ サーストンの怪物定理で重要な鍵となるのは, 3次元多様体の双曲幾何構造の変形です. これらの図は, 閉曲面と閉区間との直積多様体上の双曲幾何構造について, そのような変形の様子を表したものです.

（画像作成・提供：北見工業大学 蒲谷祐一氏）

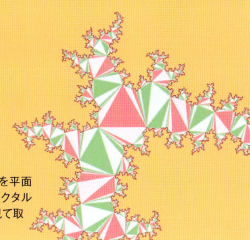

▶ 変形された曲面を平面に射影した図. フラクタルと呼ばれる構造が見て取れます.

ポアンカレ予想に関わる図形たち

▼ ペレルマンによる幾何化予想の解決で，もっとも重要な鍵：リッチ・フローの様子（ただし，図は3次元のものではなく曲面に対するもの）．上から下に向かって，曲がり具合（曲率）が「均されていく」ように，曲面が変形されていきます．

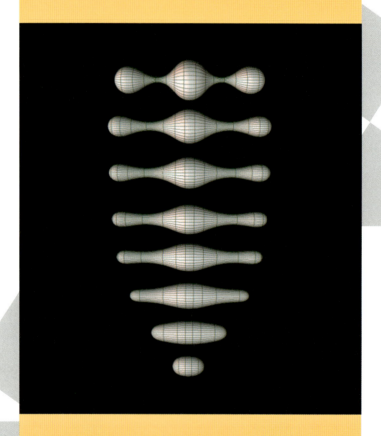

数学への招待

低次元の幾何から
ポアンカレ予想へ

世紀の難問が
解決されるまで

市原一裕=著

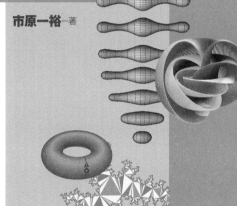

技術評論社

はじめに

2006 年 8 月 22 日，スペインの首都，マドリード．

あの暑い夏の日から，もう 10 年以上の月日が流れました．

当時，就職して 3 年目，駆け出しの大学講師だった僕は，国際数学者会議に初めて参加するということで，とても興奮していました．

開会式の当日，朝早くに会場に着いた僕は，すでに長く長く続いている参加者の行列に圧倒されました．ようやく入場でき，とうとう始まった開会式．まず開会宣言，セレモニー，来賓の挨拶，そして続いて，数学界最高の栄誉とされるフィールズ賞の授賞式．国際数学連合の（当時の）総裁ジョン・ボール卿から，まず 4 人の授賞者がいることが告げられました．最初の授賞者にスペイン国王からメダルが授与された後，不意にその瞬間が訪れました．

「次のフィールズ賞はグリゴリ・ペレルマンに授与される」

同じ分野の研究者として，まさかという想い，嬉しさ，そして，続いた言葉

「しかし残念ながら，彼は授賞を辞退しました」

かつて感じたことのない衝撃と混乱．なぜか会場にまばらに広がる拍手...

4 年に一度，開催される国際数学者会議（International Congress of Mathematicians，通称 ICM）とは「数学界最大の会議」であり，そこで授与される「フィールズ賞」は ，優れた業績をあげた 40 歳以下の数学者のみに贈られる，数学者にとっ

て最も栄誉とされる賞です．もちろん，1936 年からの 70 年の歴史の中で辞退したものはいませんでした．

ペレルマン氏がフィールズ賞を授賞した最も大きな理由，それが，世紀を超えて未解決だった「**ポアンカレ予想**」を証明したことでした．

「ポアンカレ予想」とは，3 次元の空間の形に関する予想で，1904 年にフランスの数学者 H. ポアンカレによって提起されました．以来，およそ 100 年間，数多くの数学者を悩ませ続けてきたのです．2001 年にはクレイ数学研究所のミレニアム問題にも選ばれ，100 万ドルの賞金もかけられた難問です．

2006 年のペレルマン氏のフィールズ賞授賞，そして辞退から 10 年以上経ちましたが，現在でもなお，ポアンカレ予想に対して，多くの人が興味を持ち続けています．

この本では，僕にできる限りではありますが，ポアンカレ予想，その一般化である幾何化予想，そしてペレルマン氏による証明まで，なるべくわかりやすく，丁寧に解説していこうと思います．またその中で必然的に，低次元の幾何学／トポロジーの入門的な解説もしていくことになります．

ポアンカレ予想をめぐる「お話」の部分は他の本に譲り，基本的には，この本は「まじめな数学の本」です．と言っても，高校生でもわかるような説明を心がけます．

この本を手に取られた皆さんが，数学者達が感じている美しさを，どうか少しでも感じることができますように．

2017 年 7 月　　　　　　　　　　　　　　　　　　市原一裕

目次

はじめに 3

第1章　ポアンカレ予想 9

1.1　宇宙の形と3次元多様体 10

1.2　次元とは 16

1.3　多様体とは 21

1.4　3次元球面とは 27

　　1.4.1　2次元球面から3次元球面へ 27

　　1.4.2　トーラス 32

1.5　閉多様体とは 37

1.6　基本群とは 44

　　1.6.1　曲面の分類とホモロジー群 44

　　1.6.2　そして基本群へ 52

第2章　多様体の幾何構造 59

2.1　サーストンの幾何化予想とは 61

2.2　曲面の幾何化 63

　　2.2.1　トーラスとユークリッド幾何 64

　　2.2.2　球面幾何学 69

　　2.2.3　非ユークリッド幾何学〜双曲幾何学〜 79

2.3　1次元の幾何化 85

第 3 章 サーストンの幾何化予想   89

  3.1 定曲率幾何構造 …………………………………… 90

     3.1.1 3 次元ユークリッド幾何学 …………………… 91

     3.1.2 3 次元球面幾何学 ……………………………… 92

     3.1.3 3 次元双曲幾何学 ……………………………… 96

  3.2 直積幾何構造 ……………………………………… 99

     3.2.1 直積多様体 ……………………………………… 99

     3.2.2 直積多様体の幾何構造 ………………………… 103

  3.3 ねじれ積の幾何構造 ……………………………… 108

  3.4 8 つの幾何学 ……………………………………… 112

  3.5 幾何化予想とは …………………………………… 123

     3.5.1 標準的な分解とは ……………………………… 123

     3.5.2 サーストンの幾何化予想と怪物定理 ………… 135

  3.6 幾何化予想からわかること ……………………… 140

第 4 章 ペレルマンの証明   147

  4.1 リーマン計量 ……………………………………… 152

  4.2 曲率とリッチ曲率 ………………………………… 157

     4.2.1 平面曲線の曲率 ………………………………… 158

     4.2.2 曲面の曲率（ガウス曲率）…………………… 160

     4.2.3 曲率テンソルとリッチ曲率 ………………… 165

  4.3 ハミルトンとリッチ・フロー方程式 …………… 168

  4.4 ハミルトンの定理と残された問題 ……………… 171

     4.4.1 ハミルトンが示したこと（1）………………… 171

4.4.2 ハミルトンが示したこと（2） …………………… 173

4.4.3 残された問題 ……………………………………… 175

4.5 ペレルマンが示したこと ………………………………… 181

4.5.1 局所非崩壊定理 ……………………………………… 181

4.5.2 手術付きリッチ・フロー …………………………… 184

4.5.3 手術付きリッチ・フローの長時間挙動 ………… 187

付録　非ユークリッド幾何について　　　　　　　　191

1. 球面幾何について ……………………………………… 195

2. 双曲幾何について ……………………………………… 198

読書案内　　　　　　　　　　　　　　　　　　　　200

あとがき　　　　　　　　　　　　　　　　　　　　203

索引　　　　　　　　　　　　　　　　　　　　　　205

第 **1** 章

ポアンカレ予想

1.1 宇宙の形と 3 次元多様体

1.2 次元とは

1.3 多様体とは

1.4 3 次元球面とは

1.5 閉多様体とは

1.6 基本群とは

第 1 章　ポアンカレ予想

1.1　宇宙の形と 3 次元多様体

みなさんはもちろん「地球の形」を知っていますよね．そうです，「まるい形」をしています．もちろん正確には，完全にまるいわけではなく，山や海などの凹凸はあるわけですが，大きくみればまるい，つまり，ほぼ**球**の形をしてるわけです．

地球がまるいということは，例えば，飛行機に乗って，ひたすらまっすぐ北に向かうと，（給油などの現実的なことを忘れてしまえば）北極を通り，地球のちょうど反対側を通り，南極を通り，そして，元の場所に帰ってくることができる，ことを意味しています．

さて，では質問です．今，私たちが存在している，この宇宙の形はどんな形でしょうか？　果てもなくまっすぐに広がっている？　もしかしたら，まるい形... でも，まるいって？　例えば，ある方向にまっすぐロケットをいつまでも飛ばしたら，どうなるのでしょう...

地球の場合は，例えばロケットに乗って宇宙ステーションまで行ってしまえば，地球の形が（つまり本当にまるいことが）目で見て確かめられます．またそこまでしなくても，地球の隅々まで探検して，正確な地図を作ってしまえば，（実感はないかもしれませんが）確かに形がわかる（まるいことが確かめられる）はずです．

しかし，宇宙の形については同じことはできません．宇宙の「外」まで行って，宇宙の形を眺める，とはどういうことかわかりませんし，また現在の科学技術では，宇宙の隅々までロケットを飛ばして探索することも叶いません...

様々な観測によって実際に宇宙の形を調べることは，物理学（宇宙物理学）の問題です．しかし，どのような観測をして，そして，どのような結果が得られたら，宇宙の形がわかるのでしょうか？

そもそも「宇宙の形」としては，どんなものがあり得るのでしょうか？

実は，この疑問に答えるのは，物理学ではなく，**数学** なのです．つまり，「あり得る宇宙の形」を研究する，より正確には，あり得る宇宙の形をリストアップし分類するのは，数学者の守備範囲なのです．

もちろん「あり得る宇宙の形」と言っているのは，その正確な

大きさ，であるとか，どのくらい星があるのか，ではなく，大まかな「形」という意味です．地球の形は(海や山を無視すれば)「まるい」というように，です．

　数学の中で，図形を研究する分野は「**幾何学（きかがく）**」と呼ばれています．さらにその中でも，厳密な長さや角度ではなく，図形のおおよその形に着目して研究する分野が「**位相幾何学**」(いそうきかがく，英語では「**トポロジー（Topology）**」)です．つまり「あり得る宇宙の形」を研究するのは，3次元のトポロジーの問題だ，というわけです．

　今，軽く「**3次元の**」と書きましたが，さて「3次元」とはなんでしょうか．

　この宇宙の形の問題における「3次元」の意味は，私たちが住んでいるこの宇宙は，多分，そのどこにいたとしても同じ物理法則に従っていて，その近くでは(互いに直交する3本の直線を座標軸とする)3つの座標によって点の位置が記述できる，という意味です．つまり，それぞれの点(原点)の近くでは「たて・よこ・たかさ」によって，他の点の位置が決まる，ということを意味しています．

　現時点では，このことは正しいとわかっている「事実」ではなく，あくまで宇宙物理学における「仮定」です．宇宙のはるか彼

1.1 宇宙の形と3次元多様体

方で，どんなことが起こっているか，まだ確かめようがないからです．この「仮定」を宇宙物理学では「**宇宙原理**」と呼んでいるそうです．

数学においては，このような性質を持つ「図形（空間）」を「**3次元多様体**（3 じげんたようたい，3-dimensional manifold, もしくは略して 3-manifold）」と呼んでいます．これこそが本書の主役です．

ここで非常に大事なことは，数学における 3 次元多様体とは，もう宇宙とは全く関係なくて，**単なる抽象的な図形**だということです．つまり，単なる点の集合として図形を捉え，その各点の十分近くの範囲では，他の点の位置が 3 次元の座標（つまり「たて・よこ・たかさ」）で決められる，という性質のみを考えていく，ということです．

さて，このような 3 次元多様体の初期の研究者として，最も有名なのがフランスの数学者 H. ポアンカレです．ポアンカレはトポロジーの創始者とも呼ばれている，19 世紀末から 20 世紀にかけての大数学者でした．

1895 年にポアンカレは，彼の最初の主なトポロジー研究の論文「Analysis situs」（位置解析とでも訳せば良いのでしょうか）を著しました．この「Analysis situs」は 123 ページもある大論文です．ポアンカレはその後も研究を進め，また他の数学者から指摘等もあり，続けて補遺（後からの付け足し，補足や修正）を出版していきます．その 2 つ目の補遺の中で，ポアンカレはある問題を述べます．そして，1904 年に出版された 5 番目の（そして最後の）**補遺**

H. Poincaré, Cinquième complément à lánalysis situs. Rend. Circ. Mat. Palermo 18（1904），45-110.

の中で，前に自分が書いた問題が正しくなかったことを示す例（いわゆる反例）を構成してみせます．そして，それを踏まえて，より正しそうな次の質問を書き残したのです．

"Est-il possible que le groupe fondamental de V se réduise à la substitution identique, et que pourtant V ne soit pas simplement connexe?"
「（閉 3 次元多様体）V が 3 次元球面でないのに，その基本群が自明になることはあり得るだろうか？」

今回，原論文を入手して確認しました．上がポアンカレの原論文そのままのフランス語です．そこからできる限り直訳してみたのが次の文章です．ただし専門用語は現代風[1] にしてあり，ま

た V が「閉3次元多様体」であることは，その前の文脈から判断しました．これが今日，**ポアンカレ予想**と呼ばれている問題が提起された瞬間でした．

ポアンカレは，その補遺の最後を次のような意味深長な言葉で締めくくっています...

「しかしこの質問は，我々をはるか遠すぎるところまで連れて行ってしまうだろう」

ポアンカレ自身が，この質問（予想）がどれほど難しいのか，どれほど重要なのか，そして「宇宙の形」との関わりについて，どこまで何を考えていたか，はわからないのですが...

以下，この第1章では，実際，ポアンカレ予想とはどんな予想なのかを，なるべく正確に，でもわかりやすく解説していきたいと思います．

H. ポアンカレ

アンリ・ポアンカレ（Jules-Henri Poincaré）は，今から100年ほど前，19世紀から20世紀にかけての時代を代表するフランスの数学者です．数学だけでなく，物理学でも大きな業績をあげています．また著書「科学と方法」では，自然科学一般における科学研究の方法について，哲学的な考察をしているそうです．数学者としてのポアンカレは，「最後の

---

1) 数学者はよく「当たり前な」「当然の」「すぐにわかる」というような意味で「自明な（英語で言うと trivial）」という用語を使います．慣れてしまうと非常に便利なのですが，一般には聞きなれない言葉でしょうか．

16 | 第1章 ポアンカレ予想

万能選手」とも呼ばれます.現代の数学では分野の細分化が
進み,自分の専門領域以外について,深い理解を持つことは,
本当に難しくなっています.今から100年前であっても,ポ
アンカレのように,分野をまたいで優れた研究をすることは,
本当にすごいことだと思います.

1.2 次元とは

まず,ポアンカレ予想を復習しておきましょう.

ポアンカレ予想

「閉3次元多様体が3次元球面でないのに,その基本群
が自明になることはあり得るだろうか?」

いきなり専門用語が羅列されていて意味がわからないと思いま
す.「閉3次元多様体」「3次元球面」「基本群」「自明」... それを
今から順番になるべくわかりやすく説明していきます.

まず最初に,この節では**次元**とは何か?を考えてみたいと思
います.

前節では,この宇宙を例にとって説明しました.つまり,3次
元とは「たて・よこ・たかさ」というように.しかし,それはあ
くまで例えです.この本で扱うのは**数学**であって物理学ではあり
ません.したがって,純粋に抽象的な(数学的な)「図形」を考え
て,その次元を考えていくことにします.

1.2 次元とは

ここで「図形」と言っていますが,そもそも「**図形**」とは何でしょう? 幾何学で図形というと,どうも視覚的な(目に見える)ものを想像しがちです.逆に,例えば「4 次元の図形」とか言っても,想像できないですよね...

そこで,少し「古典的な幾何学」から離れて,単なる抽象的な「集合」のことを「図形」だと思うことにします.つまり,(なんでも良い)何かの要素[2]の(単なる)集まりのことです.[3]

例として,平面上の三角形を考えてみましょう.

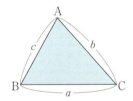

皆さん,よくご存知の三角形ですが,これを(目に見える図形ではなく)「平面上の点の集まり」だと思うことにするわけです.つまり,平面を点の集まり(集合)だと思ったとき,その部分集合が「平面上の図形」だというわけです.

さてさらに考えなくてはいけないことが出てきました.では「**平面**」とはなんでしょう?

現代の幾何学においては,「平面」とはなにか,を考えるのに「**座標**」の考え方を使っています.

---

[2] 大学ではよく元(げん)と呼びますが,ここでは現在の高校で使われている要素という用語を使っていきます.

[3] 「集合」と「要素」については,ある意味で無定義語として扱います.何だかわからない抽象的なものの集まり,くらいに考えてもらえれば十分です.

2本の直交する座標軸（x軸とy軸）が与えられている平面のことを**座標平面**と呼びます．このとき，全ての点は(x, y)というように「実数2個の組」[4]で表されるのでした．この実数2個の組のことを，その点の**座標**というのです．

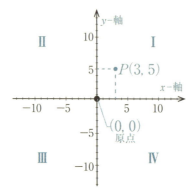

逆に，$(2, 3)$のような「実数2個の組(x, y)」を考えると，それを座標平面上の点だと思うことができます．つまり，「実数2個の組」の集合を考えると，それこそが座標平面だと思うことができるのです．この「実数2個の組」の集合を「**2次元ユークリッド平面**」といいます．実数2個の組の集合なので，通常，$\mathbb{R}^2$という記号で表します．

実際，実数全体の集合を$\mathbb{R}$としたとき，2次元ユークリッド平面は，$\mathbb{R}$と$\mathbb{R}$との直積集合$\mathbb{R} \times \mathbb{R}$になります．**直積集合**とは，二つの集合の「要素の組」を要素とする集合のことです．集合を

---

[4] ここでより正確には，実数とはなにか，も考えなくてはいけないのですが，あまりに煩雑になるので，ここでは省略させてもらいます．

表す数学的な記号で書くと，次のようになります．
$$\mathbb{R}^2 = \left\{(x,y) \mid x \in \mathbb{R},\ y \in \mathbb{R}\right\}$$

つまり，この考え方でいくと，平面上の点とは（2, 3）のような実数2個の組のこと，となります．同様に「3次元ユークリッド空間」も，（1, 2, 3）のような「実数3個の組の集合」として考えられます．つまり，$\mathbb{R}^3$という記号で表せます．

ユークリッドと原論

　ユークリッドというのは，ご存知の方もいるとは思いますが，2000年以上前のギリシャの最初の数学書とも呼ばれる「ユークリッド原論」の著者とされている伝説の数学者の名前です．もちろん紀元前に上で述べたような平面についての考え方があったわけではないのですが，彼にちなんでこう呼ばれています．

　写真は，現存している最も古い「ユークリッド原論」の一部（紀元1世紀ごろ）です．

「目に見える図形」の幾何学から，このように抽象的な見方に切り替えると，（簡単に）n次元空間も考えることができるようになります．つまり，「実数n個の組の集合」を「**n次元ユークリッド空間**」とし，$\mathbb{R}^n$という記号で表すわけです．

20 | 第 1 章　ポアンカレ予想

「4 次元空間の点」とはなんだろう？　なんて物理的に考えると
難しい気がしますが，数学では簡単．単に (1, 3, 5, 7) のような
実数 4 個の組のことになります．それ以上でもそれ以下でもあり
ません．

とりあえず，これで数学における n 次元空間，つまり「n 次元
ユークリッド空間 $\mathbb{R}^n$」の定義をすることができました．抽象的で
わかりにくい気がするかもしれませんが，（数学なので）実数の
組のことを「点」と思うのだ！と，理解してもらえれば良いので
はないかと思います．そして，その実数（つまり座標）の個数こ
そが，そのユークリッド空間の次元，ということになるわけです．

なお，ここではこれ以上は触れませんが，「次元」というのは
やはり難しく，数学（幾何学）においても分野に応じて，様々な
次元の概念があり定義があります．

フラクタル幾何学とフラクタル次元

1982 年，フランスの数学者 B. マンデルブローによって，「フ
ラクタル幾何学」という本が出版されました．「フラクタル」
というのは，"壊れた" とか "砕かれた" を意味するラテン
語 fractus からのマンデルブローの造語です．このフラクタ
ル幾何学では，独特な次元の概念が使われます．

例えば，図のように「図形の相似」を考えると，その図形
の「次元」が「図形の体積（面積）比」と関係があることが
わかるでしょう．

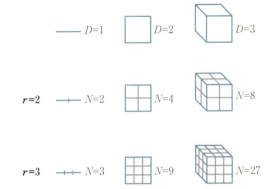

このようにして，図形の相似比から「**相似次元**」と呼ばれる概念が得られます．そして「自己相似」と呼ばれる特徴的な性質を持つ「フラクタル図形」に対しては，この相似次元が「自然数ではなく」無理数にもなりうることがわかるのです．

ここではこれ以上，詳しくは触れませんが，図形の次元の概念の複雑さや難しさの一端には触れてもらえたのではないかと思います．

1.3 多様体とは

さてここでようやくポアンカレ予想に出てくる，そして本書の主役である**多様体**（たようたい，manifold）とは何かを説明します．

まず何次元でもいいので，n次元ユークリッド空間内の図形（点の集合）を考えます（つまり，nはある自然数）．ここで，1.1

22 | 第1章　ポアンカレ予想

節で説明した「宇宙の形」を考えた際，宇宙原理，つまり「どの点の近くでも3つの座標軸が取れること」を仮定したことを思いだしてください。これと同様な仮定を置いた図形こそが多様体なのです。

とにかく例を挙げてみましょう。

平面（2次元ユークリッド平面 $\mathbb{R}^2$）上の円を考えてみましょう。とりあえず，話を簡単にするために半径は1としておきます。この円を C とします。C を表す方程式[5] は，円上のどの点 (x, y) も原点 $(0, 0)$ からの距離が1であることから，$x^2 + y^2 = 1$ とわかるのでした。

さてこの「円 C」は，何次元の図形でしょうか？ 円 C が含まれているのは平面，つまり2次元ユークリッド平面です（直交する2本の座標軸がとれるので）。しかし円 C だけを見ると，どうでしょうか？

具体的に想像できる例から考えてみましょう。グラウンドに円状のトラックがあって，そこを走っていると思ってください。まるいコーナーはきつく曲がっていると感じられるかもしれません。

----

[5] **図形の方程式**とは，その図形上のどの点の座標 (x, y) も必ず満たす方程式のことでした。

しかし，もし同じところを，小さなアリが進んでいるとしたら...アリにとっては，ほとんど直線に感じられる，とは思いませんか.

つまり，円の各点において，十分「近く」だけを考えると，直線と思える，つまり1次元の座標で近くの点が表される，ことが想像できるのではないでしょうか.

さて，これをもう少しちゃんと数学的に見てみましょう．ここで，円 C 上にある点 P をとります．どこにあっても良いとするので，とりあえず，上半平面にあるとしておきます．つまり，P (a, b) と座標で表されているとして，$b>0$ を仮定します．このとき，円の方程式 $x^2+y^2=1$ を y について解いて，

$$y = \sqrt{1-x^2}$$

とすることができます．つまり，点 P の「近く」にある円 C の一部は，この関数のグラフの一部だと思えるわけです.

このとき，「x 軸上の点 $(x, 0)$」と「グラフ上の点 (x, y)」が1対1に対応していることがわかります．さらに，この関数は，x 軸上の「近くの2点」をグラフ上の「近くの2点」に，ちょうど対応させる，こともわかります．つまり，$f(x)=\sqrt{1-x^2}$ としたとき，x 軸上の2点 A と B が近くにあれば，$f(\mathrm{A})$ と $f(\mathrm{B})$ も近くにあり，その逆も成り立つということです[6].

---

[6] 正確には，この関数は連続であって，さらに，その逆関数も連続である，という意味です．

これらのことから，円 C 上の点 P (a, b) の「（円 C 上の）近くの点の集合」と，x 軸上の点 $(a, 0)$ の「近くの点の集合」とが，「きちんと対応づけ」されることがわかると思います．

このような図形内の点 P の「近くの点の集合」を，トポロジーでは，点 P の **近傍**（きんぼう，neighborhood）と言います．また，2 つの図形（点の集合）X と Y が「きちんと対応づけ」られるとき，X と Y は **同相**（どうそう，homeomorphic）であると言います．

結局，円 C 上の点 P に対して，その十分小さな近傍は，x 軸，つまり 1 次元ユークリッド空間の，対応する点の近傍と同相になりました．

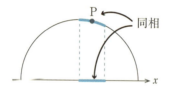

これはつまり，前のアリの例で想像した，

> P のすぐ近くでは，円は直線（1 次元ユークリッド空間）の一部のように見える

という直感的なことを，数学的に言い直しているのです．

そしてこのことは，P のすぐ近くでは，円上の点は 1 次元の座標で表される，ことを言っています．つまり，この意味で，

円は 1 次元の図形である（1 次元多様体である）

と言えるのです.

少し難しくなってしまったかもしれませんが,この例を元にすると,次のn次元多様体の定義が,少しは自然に理解できるのではないかと思います[7].

> ### n次元多様体
> その各点に対して,ある十分小さな近傍が,n次元ユークリッド空間のある点の近傍と同相となるような,ユークリッド空間内の図形のこと.

間違えないでほしいのは,n次元多様体の「次元」は,その図形が入っているユークリッド空間の「次元」とは無関係だということです.先程の円で言えば,円は平面(2次元ユークリッド空間)に含まれていますが,多様体としては1次元なのでした.

もちろんこれから先,この本の主役は**3次元多様体**です.

つまり,各点の近傍(すぐ近くの点の集合)が3つの座標で表されるような図形こそが本書の主役となるわけです.3次元と言っても,多分,すぐには想像できないと思うので,次の節で少し例を出しながらみていきます.

なお,ここではユークリッド空間内の図形(部分集合)から始めましたが,より一般の位相幾何学(General Topology とも呼ばれます)においては,より一般的な定義をします.そこでは,図形(部分集合)ではなく,位相空間(いそうくうかん)と呼ば

----

[7] つまり多様体には,その上のすべての点において「一様な」近傍がとれるわけです.「多様」体という名称とは,ちょっとずれる気がするところが面白いです.

れる空間を考えます．これについてより深く知りたい人は，ぜひトポロジーに関するもう少し専門的な本を見てみてください．

ユークリッド幾何学とトポロジー

幾何学とは，簡単に言ってしまえば，「図形の性質を調べる」学問（数学の一分野）です．そして，その究極の目的の一つは「図形を分類する」ことと言ってもいいでしょう．

例えば，皆さんがよく知っている，小／中学校で習った平面図形については，平面上の図形を「**合同**」という規準で分類することが一つの大きな目的になっていると思います（三角形の合同条件が一つの到達点ですね）．

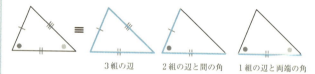

3組の辺 　　2組の辺と間の角 　　1組の辺と両端の角

この一般化として，ユークリッド空間 $\mathbb{R}^n$ 内の図形を「合同」という規準で分類するのが，いわゆる「**ユークリッド幾何学**」です[a]．

一方で，位相幾何学（トポロジー）では，より一般の「図形（位相空間）」を「**同相**」という規準で分類することが目的（の一つ）になります．

---
[a] もちろん，$\mathbb{R}^n$ 内においては，長さや面積，角度という量が，図形に対して計算でき，そのような様々な図形の性質を調べることができるので，それも大きな目的となっています．

同相というのは，この節で説明したように「近くの点は近く
の点に対応づけされる」というような規準です．つまり，長
さや大きさや角度は忘れて，おおよその形だけをみる，ただ
し，近くの点が遠くの点に行くようなこと（例えば，図形を
切ってしまったり）は許さない，というのがトポロジーなの
です．

　よく標語的に「連続的変形で重ねられる図形を同じとみな
す」というような言い方をしますが，なんとなくわかっても
らえるでしょうか．

1.4　3次元球面とは

　ポアンカレ予想の理解に向けて，この節では，3次元多様体の
最も簡単な例として，**3次元球面**を説明します．そのあとでもう
一つ，わかりやすい3次元多様体の例をあげてみます．

1.4.1　2次元球面から3次元球面へ

　まず「**球面**」と普通に言えば，ボールの表面のような，もしくは，
地球の表面のようなものを想像すると思います．

　これはいわゆる「2次元多様体」になります．このことを確認
してみましょう．まず「球面」を3次元ユークリッド空間内の図
形としてみると，次の方程式で表されます（原点中心で半径1と
しています）．

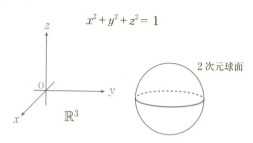

　この球面を S としましょう．ここで前節のアリの例を思い返してください．地球の上の小さなアリから見れば（人間からでも同様ですが），地球の表面は 1 枚の平面（つまり，2 次元ユークリッド空間 $\mathbb{R}^2$）のように見えるでしょう．つまり（地球の表面のような）S 上の各点には，$\mathbb{R}^2$ の対応する点の近傍（すぐ近くの点の集合）と同相になるような近傍が取れることがわかります．また言い換えると，S の各点の近傍は，2 次元の座標で表されるということでもあります．

　実感できる例として，地球上の地図を考えてみましょう．地球全体の，では無理ですが，例えば自分の家のすぐ近くであれば，「うちから北へ 300m，西へ 250m」とすれば，その地点が決まりますよね．つまり，地球の各地点の小さな近傍では，「平らな」地図で十分だということなのです．気をつけなくてはいけないのは，「地球の表面全体」ではそのようにはできないことです．図形全体としては「曲がっている」けれども，各点の近くだけを見ると「座標が取れる」，それが多様体なのです．

　さて球面 S に話を戻して，もう少し数学的に正確な話をしてみます．前節の円のときと同様に，S 上に 1 点 P (x, y, z) を

とります．もし $z>0$ であれば，点 P を含む上半球面 S_+ は，集合として
$$S_+ = \left\{(x,y,z) \in \mathbb{R}^3 \,\middle|\, z = \sqrt{1-x^2-y^2}, x^2+y^2 < 1\right\}$$
というように表されます．このとき，S_+ 上の点 (x,y,z) に xy 平面上の点 $(x,y,0)$ を対応させると，S_+ と xy 平面上の円板（原点中心，半径 1）がきちんと対応させられることがわかります．ただし，ここで，円板の境界の円は含みません．つまり，不等式 $x^2+y^2<1$ で表される領域です．これを原点中心，半径 1 の**開円板**ということにして，D で表します（「開」の意味は，次節でもう少し詳しく説明します）．

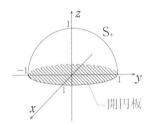

つまり，「球面の一部である上半球面 S_+ と平面 $\mathbb{R}^2$ 上の開円板 D とが同相」であることがわかるのです．

同様に考えれば，下半球面や，右半球面，左半球面も，前半球面，後半球面も，開円板 D と同相になります．このようにして，結局，球面 S 上の各点に対して，$\mathbb{R}^2$ の一部である D と同相な近傍が見つかります．したがって，S は 2 次元多様体であると言えるのです．このことから，S を特に「2 次元球面」ということにして，通常，S^2 という記号で表します（この「S」は sphere（球面）の s です）．

30 | 第1章 ポアンカレ予想

ちなみに，同じようにして，平面上の円が1次元多様体であることを示しました．そこで，円のことを「1次元球面」と呼び，S^1 と表すことがあります．1次元なのに球「面」と呼ぶのも変なのですが...

さて，ここまで頑張って理解できれば，「3次元球面」は簡単（少なくとも定義をするのはすぐ）です．

つまり，4次元ユークリッド空間 $\mathbb{R}^4$ 内において，次のような図形（部分集合）を考えます．

$$\left\{(x,y,z,w) \in \mathbb{R}^4 \,\middle|\, x^2 + y^2 + z^2 + w^2 = 1\right\}$$

2次元球面のときと同様にすれば，この図形の各点は，3次元ユークリッド空間 $\mathbb{R}^3$ の一部である開球体 B と同相な近傍が見つかります．ここで，開球体 B とは

$$B = \left\{(x,y,z) \in \mathbb{R}^3 \,\middle|\, x^2 + y^2 + z^2 < 1\right\}$$

で表される $\mathbb{R}^3$ 内の図形です（B は ball の b）．したがって，上のように表された図形は3次元多様体になります．これを**3次元球面**と呼び，S^3 という記号で表すのです．

「うーん，と言われても...」と思うかもしれません．もう少し「見やすい」説明をこれからしていきますので安心してください．

もう一回，2次元球面 S^2 を思い返してみましょう．

説明したように，S^2 を上半球面 S_+ と下半球面 S_- に分けると，そのそれぞれは平面上の**開円板** D と同相になるのでした．そして，その S_+ と S_- をそれぞれ用意して，D の境界である円（つ

まり, $x^2+y^2=1$ で表される S^1) に対応する部分で貼り合わせると, 2次元球面 S^2 が得られるわけです.

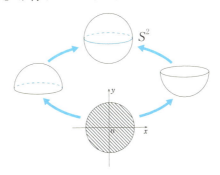

3次元球面についても, これと同じように考えれば良さそうです. つまり, (「上」と「下」は見えませんが, とりあえず) 3次元球面 S^3 を「上」半球面 S_+ と「下」半球面 S_- に分けると, そのそれぞれは3次元ユークリッド空間 $\mathbb{R}^3$ 内の開球体 B と同相になるのでした. そこで, その S_+ と S_- をそれぞれ用意して, B の境界である球面 (つまり, $x^2+y^2+z^2=1$ で表される S^2) に対応する部分で貼り合わせると, 3次元球面 S^3 が得られる (はず) です!

大きな (中身の詰まった) ボールみたいな空間が2個あって, その片方で境界 (球面) に向かって進んでいくと, 境界にぶつかった瞬間に, もう一つのボールの中にワープする, そんな世界を想像してもらえればと思います. いかがでしょうか...

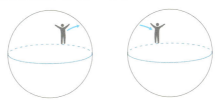

32 | 第1章 ポアンカレ予想

これこそが，ポアンカレ予想に出てくる「最も簡単な3次元多様体」である3次元球面です．（3次元多様体なのに「球面」というのも，やっぱり変なのですが...）

この説明でも「良く見える」とはなかなか思えないでしょうが，少しは想像しやすいと思います．

何せ人間には「3次元のものは見えない」ので，あとは想像するしかありません．人間の目が見ることができるのは3次元の物体の表面，つまり2次元のもの，だけなのですから...

「見える」「見えない」という問題は，人間が3次元空間にいて，それしか「存在しない」ように感じることが原因のように思われます．

例えば，2次元球面については，平面上だけで考えると，2枚の円板を貼り合わせることなどできません．同じように，2つのボールの境界を貼り合わせることは，3次元空間内だけを考えていてはできません．しかし，その2つのボールの境界は，明らかに同じ（同相）なものなのですから，（周りの空間を考えずに）**抽象的に貼り合わせる**ことはできるはずです．このような考え方は，これから何度も出てくるので，少しずつ慣れていってもらえたらと思います．

1.4.2 トーラス

さてここで，話のついでに，2次元と3次元の多様体の例をもう一つ，挙げておきたいと思います．

1.4 3次元球面とは

ポアンカレ予想の説明と直接には関係ないので，とりあえず，飛ばして読んでも大丈夫です．ただし，1.6.2 節以降では必要になるので注意してください．

また，ここまでちょっと難しかった人には，ここで一休みしてもらえればと思います．

前節から引き続きのアリの例です．ある 2 次元多様体上を小さなアリが歩いているとします．2 次元多様体は，各点の近傍ではユークリッド平面の一部に見えるので，小さなアリには「平らに」広がっている面を歩いているようにしか思えません．しかし，これは実際に，どんな場所（面）なんだろう？

そう思ったアリくんは一生懸命歩いて，全体の地図を作ることにしました．頑張って「世界」の隅々まで探検したアリくんがようやく作った地図は...

この地図で右に続いている道は左端につながっています．また上に続いている道をたどると下端から出てきます．さて，このアリくんが住んでいるのはどんな「世界」（2 次元多様体）なのでしょうか？

四角形の地図の「上の辺」と「下の辺」をつなげて，「右の辺」と「左の辺」をつなげて想像してみると...　そうです．「浮き輪

の形」になります！

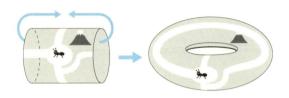

　さて，このようにして，四角形の辺を貼り合わせて得られる2次元多様体を**トーラス**（torus），正確には2次元トーラス，と言います[8]．例えばユークリッド平面上の正方形から作れば，ある意味で，ユークリッド的（ユークリッド平面と同じ「感じ」）になります．このことは次の章で見ていきます．

　さらに，アリくんの代わりに人間がロケットに乗って宇宙に...と考えてみましょう．

　アリくんの地図の話と同じように「宇宙の地図」を考えてみます．まず，立方体を用意します．これが地図のもととなる立体です．この中をロケットが飛んでいきます．右端の面までくると左端の面にワープします．上の面にたどり着くと下の面から出てきます．前の面にぶつかったと思うと，後ろの面に移動しています．

[8) ちょっと古い日本語訳だと「輪環面」というようです．

1.4 3次元球面とは

　もちろん各点の近傍では，3次元の座標軸が取れている，つまり，この「世界」として，自然に3次元多様体が考えられます！想像できるでしょうか... この3次元多様体を，**3次元トーラス**と呼びます．

　下の図は，コンピューターシミュレーションのプログラムを使って描いた，3次元トーラスの中を宇宙船で飛んでいる様子です．なんとなく想像してもらえたでしょうか．

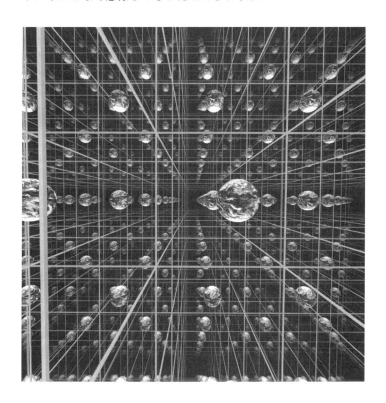

トーラス・ゲームズと Curved Spaces

前ページの図を生成することができるソフトウェアが「Curved Spaces」です．このソフトウェアはフリーで，次のホームページからダウンロードできます．

「ジェフ・ウィークスの位相幾何学および幾何学ソフトウェア」

http://www.geometrygames.org

このページにおいてある数々のソフトウェアを開発したのは，アメリカの数学者である J. ウィークスです．

第2章で扱う幾何化予想を提起した W. サーストンの指導のもと，プリンストン大学で博士号を取得したあと，いくつかの大学で教えたりもしていましたが，基本的には「フリーランス」の数学者として，独特な活動をしています．講演会で市民向けの講演を行ったり，幾何学（視覚化）に関するソフトウェアを開発したり，トポロジーに関する本を執筆したり．また数学だけでない様々な研究プロジェクトに関わったり...

1998年1月に来日した際，当時大学院生だった筆者は，セミナーでの講演を聞きました．その内容は，宇宙物理学に関するもので非常にわかりやすく，とても興味をかき立てられるものだったことを鮮明に覚えています．

1.5 閉多様体とは

さて、もう一度、ポアンカレ予想を見直してみましょう。

> **ポアンカレ予想**
> 「閉3次元多様体 V が3次元球面でないのに、その基本群が自明になることはあり得るだろうか？」

ここで V は、単に「3次元多様体」ではなく、「閉」という形容詞が付いています。この「閉」とはどういうことか、この節で説明しましょう[9]。

前節では、3次元多様体の例として、3次元球面や3次元トーラスを見てみました。しかしもちろん、最も簡単な3次元多様体といえば、3次元ユークリッド空間 $\mathbb{R}^3$ です。

実は、3次元ユークリッド空間 $\mathbb{R}^3$ は、確かに基本群が自明であり、当たり前な「ポアンカレ予想の反例（予想が成り立たない例）」になってしまっています（基本群については次節で詳しく説明します）。

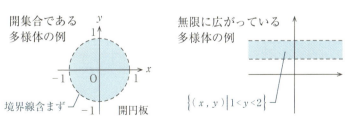

---

[9] ポアンカレが V を使っているのは、「多様体」を表すフランス語が variété だからだと思われます。現在では、英語の manifold の頭文字をとって M を使うことが多いです。

38 | 第 1 章 ポアンカレ予想

実際，ポアンカレは，$\mathbb{R}^3$ のような「無限に広がっている」「開集合である」3 次元多様体は除外しているのです（前ページの図参照）．

ポアンカレが目指していたのは「すべての 3 次元多様体の分類」だと思われます．ただし，何の仮定もなしで分類を考えるのは，あまりに無理があります．そこで適切な仮定として考えるのが「**閉多様体**」ということなのだと思います．

例えば，（もうちょっとだけ仮定 [10] をつけると）閉 1 次元多様体は，実は，平面上の円，つまり S^1 だけ，ということが証明できます（「だけ」という意味は，すべての閉 1 次元多様体は S^1 に同相だ，という意味です）．

さらに，ポアンカレに先駆けて，ガウス，リーマンらによる 19 世紀までの大結果として，すべての閉 2 次元多様体の分類が得られていました（これについては，1.6.1 節で説明します）．

これらの結果を踏まえてポアンカレは，閉 3 次元多様体の分類に挑み，そのために「基本群」という概念を導入し，そしてポアンカレ予想にたどり着いたのではないかと思います．

さて，まず先に「無限に広がっていない」とはどういうことか，確認しておきましょう．X を n 次元ユークリッド空間 $\mathbb{R}^n$ 内の図形（点の集合）とします．このとき，X が「無限に広がっていない」とは，もちろん，原点 $(0, \cdots, 0) \in \mathbb{R}^n$ と X 内のどんな点との距離も，ある定数 K 以下になっていることです．このよう

---

[10] 正確には連結性と距離化可能性です．詳細は省略させてください．

な図形 X を，トポロジーでは「$\mathbb{R}^n$ 内で**有界である**(bounded)」と言います．

次に「開集合 (open set)」とはどんなものか考えてみましょう．

高校で出てくる例として，数直線上の「開区間 (a, b)」と「閉区間 $[a, b]$」が挙げられます（ここで，a と b は $a < b$ を満たす実数）．つまり，「a より大きく b より小さい実数の集合」と「a 以上 b 以下の実数の集合」です．この 2 つの差は何なのでしょうか？

ここでは，トポロジーの用語を使って考えてみましょう．多様体を定義するときに使った近傍という言葉を使ってです．

例えば，開区間 (a, b) を見てみます．その区間内の点 $c \in (a, b)$ を選びます．すると $a < c < b$ であって等号がないことから，ある実数 p と q が見つかって，$a < p < c < q < b$ が成り立つことがわかります（例えば $p = (a+c)/2$，$q = (c+b)/2$ とすれば良いです）．つまり，点 c に対して，$(p, q) \subset (a, b)$ となる c の**近傍** (p, q) が見つかります[11]．これは，a と b の間のどんな実数 c に対しても成り立ちます．

---

[11] $\subset$ は部分集合を表す記号でした．つまり，$X \subset Y$ であるとは，集合 X のどんな要素 $x \in X$ に対しても，$x \in Y$ が成り立つということです．

一方，閉区間 $[a, b]$ に対してはどうでしょうか？ $a \leq c \leq b$ となる点 c を選ぶとき，今度は等号があるので，例えば，$c=a$ としてもいいことになります．このとき，$p<c<q$ を満たすどんな実数 p, q を選んでも，$(p, q) \not\subset [a, b]$ となってしまいます（$p<a$ なので $p \notin [a, b]$ だから）．

同様のことは開円板 D でも言えそうです．でもこの場合は，少しだけ工夫が必要ですので，とりあえず，ここでは省略し，後に回します．

結局，開区間でも開円板でも，それを例えば X としたとき，「各点 P に対して，近傍 N で $N \subset X$ となるものが見つかる」ことを示すことができます．

そこで，少し強引ではありますが，上の性質を満たすような図形（$\mathbb{R}^n$ の部分集合）を，（$\mathbb{R}^n$ の）**開集合**と定義することにします [12]（実際，これが一般的な定義になっています）．

さて（ここまで長くなりましたが），では開集合ではない「**閉集合**（closed set）」はどのように定義すればいいでしょうか．「開集合が... だから...」ときちんと考えても良いのですが，ここ

---

[12] この定義は，ユークリッド空間 $\mathbb{R}^n$ の自然な距離を使って定義しています．一般に同様に距離が定義された空間（**距離空間**と言います）についても同様に開集合を定義することができます．さらにより一般には，距離がなくても開集合を定義したりもします．それが，一般の位相空間になります．

1.5 閉多様体とは

では（あまり考えずに）

　「補集合が開集合であるものを**閉集合**という」

と簡単に決めてしまうことにします．ここで「補集合」というのは，全体集合から考えている集合を取り除いた残りの集合のことでした．

「そんなにいい加減に（勝手に）定義してしまってもいいのかな」と思われる方もいるかと思います．しかし，ここは数学の（いわゆる自然科学とは違う）いいところだと思います．物理学や化学や生物学では，まず先に研究対象があって，それを実験や観察で調べるところから研究がスタートするでしょう．しかし数学では，ある意味で自由に概念を定義することができます．「自分で都合の良いように」と書くとあまりに語弊がありますが，考えていく中で「自然な」定義（成り立っていてほしい性質が満たされる定義）を採用していくことができるわけです．

こうすると，例えばまず，ユークリッド平面上の円 S^1 が閉集合であることがわかります．まず S^1 の補集合 $\mathbb{R}^2 \setminus S^1$ とは，

$$\left\{ (x,y) \in \mathbb{R}^2 \;\middle|\; x^2 + y^2 \neq 1 \right\}$$

という集合のことでした．これはつまり，円の内部である**開円板** D と，円の外部

$$\left\{ (x,y) \in \mathbb{R}^2 \;\middle|\; x^2 + y^2 > 1 \right\}$$

の和集合ということになります.

ここで,開円板 D が2次元ユークリッド平面 $\mathbb{R}^2$ 内で開集合であることを確かめてみましょう.ユークリッド平面 $\mathbb{R}^2$ 上の開円板 D を考えて,その中の点 P を選びます.このとき,P の近傍(すぐ近くの点の集まり)で,「D にすっぽり含まれる」ものを見つけたいと思います.どうやって見つけたら良いでしょう?

例えば,次のようにすれば良いのです.まず,点 P と原点 (0, 0) との距離を d とします.次に,点 P を中心とし半径が $(1-d)/2$ の円の内部を考えます.つまり,次のような集合です.

$$\left\{ Q \in \mathbb{R}^2 \middle| \text{P と Q の距離は } (1-d)/2 \text{ 未満} \right\}$$

この集合を N とすると,当然,N は P を含み,P のすぐ近くの点の集合だと思えます.つまり,N は P の近傍となります(近傍のちゃんとした定義をしていないので,ちょっと曖昧ですが).

さらに,この N は D にすっぽり含まれること,つまり $N \subset D$ となること,が示せます.これは,D が原点中心で半径 1 の開円板(言い換えると,D が原点 (0, 0) から距離が 1 未満の点の集

合）だということ，および，平面上の**三角不等式**を使えばわかります．

　同様にすれば，円 S^1 の外部も，$\mathbb{R}^2$ 内の開集合であることが示せます．詳細は省略するので，ぜひ考えてみてください．

　結局，補集合が開集合であることが示せたので，S^1 が閉集合であることがわかりました．

　またさらに，2次元球面 S^2，さらにより一般に，n 次元球面（$n \geqq 3$）でも，もう図に描くことはできませんが，抽象的に証明をすることができるのです．

　ここまでのことを踏まえて，n 次元ユークリッド空間の図形で，「有界で」（無限に広がっていなくて），「閉集合である」図形を，「**有界閉集合**」な図形と言います．そして一般に，$\mathbb{R}^n$ 内の有界閉集合である多様体を「**閉多様体**」と呼びます．

　前ページに述べたように，3次元球面は図に描くことはできませんが，4次元ユークリッド空間 $\mathbb{R}^4$ 内の図形として，有界閉集合になります．つまり，閉3次元多様体になるのです．また，前節の最後でみた「3次元トーラス」も，実は閉3次元多様体になります．

　結局，ポアンカレが挑み，そして，ペレルマンが完成させたのが「閉3次元多様体の分類問題」なのです．結果として言うと，次の節で述べる「**基本群**」が，閉3次元多様体を（ほとんどの場合）完全に区別する，ことがわかるのです．つまり，閉3次元多様体が2個，与えられたとき，それぞれの基本群を計算し，それが同じかどうか，で，多様体同士が同じ（同相）かどうか，わかって

しまう，ということなのです．（実のことを言うと，一般に，二つの群が同じ（同型）かどうか判別するのは，いわゆる代数学の問題で非常に難しいのですが．）

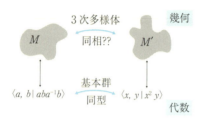

1.6 基本群とは

この節で基本群を説明すれば，ようやくポアンカレ予想の説明が終わります．なかなか長かったですね．

でもこの節も長いのです... ポアンカレ予想を理解するだけなら，それほど長くは（難しくは）なりません．しかし次章以降につなげるために，前半で基本群が導入されたきっかけについて，特に2次元多様体の分類について，説明したいと思います．

1.6.1 曲面の分類とホモロジー群

この節では（少し本筋から離れますが）ポアンカレが基本群を導入するまでの経緯を簡単に説明します．ポアンカレ予想を理解するだけなら，とりあえずは飛ばしても大丈夫です．ただ次章以降を読み進めるためには必要となることもあるので注意してください．

さて，15ページで述べたように，ポアンカレは彼の論文の2

番目の補遺の中で，ある「問題」を述べます．それは，ポアンカレ以前に得られていた「2次元多様体の分類」を踏まえてのものでした．

話は，ポアンカレ予想から遡ること150年以上前，1700年代半ばのL.オイラーから始まります．L.オイラーは，18世紀最高の数学者，そして，現在に至るまで「最も多産な数学者」とも呼ばれるスイス出身の大数学者です．

オイラーは（完全な証明は少し後の他の数学者によることとなりますが）1752年に，いわゆる**「オイラーの多面体定理」**を発表します．それは次のようなものでした．

> 多面体について，その頂点の数を V，辺の数を E，面の数を F とすると，次の式がいつでも成り立つ．
> $$V - E + F = 2$$

上の定理で，V は頂点 vertex，E は辺 edge，F は面 face のそれぞれの英単語の頭文字からとっています．ちなみに，オイラーは有名な「一筆書きの問題」（ケーニヒスベルグの橋（下図）の問題）を解決しました（1736年）．これはトポロジーの1つの出発点とも言われています．

46 | 第1章 ポアンカレ予想

さて，この多面体定理のすごいところは，この定理（公式）が，普通のどんな多面体でも，その形や大きさによらず，成り立つということでしょう．そしてこれが，それまでのユークリッド幾何学（硬い幾何学）から，トポロジー（柔らかい幾何学）への転換の大きなステップになったのです．

さて，上で「普通の」多面体と書きましたが，本当に全ての多面体で成り立つか，というと，

残念ながらそうではないのです．

次の図を見てください．

これは立方体を8個並べてくっつけて作った立体です．この頂点，辺，面の数をそれぞれ数えてみると，

$$頂点数\ V=32,\ 辺数\ E=64,\ 面数\ F=32$$

となっていて，$V-E+F=32-64+32=0$ となってしまいます！これはどういうことなのでしょうか？

オイラーが多面体定理を発表して100年以上後，ようやく19世紀に入って，多くの数学者が，この定理の一般化に関わってきます．19世紀前半には，上のような「穴の空いた図形」について，$V-E+F$ の値が計算され，そしてそれが，**曲面**（2次元多様体）を分類できることがわかったのです[13]．

以降では，通常トポロジーで言われているように，「2次元多様体」のことを「曲面」と呼ぶことにします[14]．

---

[13] 最初のうちは，3次元空間内の曲面のみが考えられていました．

[14] 専門的な内容を表すのに，日常的な語を使うと，どうも誤解を生じがちなのですが，とりあえず，慣用的にこう呼ぶので，本書でも使います．あくまで専門用語としての意味なので気をつけてください．

実際，アーベルやリーマンの複素関数（の積分）に関する研究や，メビウスによる曲面の位置の研究を経て，19世紀半ばには，次のような「**閉曲面**」の分類定理が得られることになります．

ここで閉曲面と言っているのは，つまり閉2次元多様体のことです．ここでは一般の2次元多様体を考えているので，3次元ユークリッド空間内の図形だけとは限っていないことに注意してください．もっと次元の高い $\mathbb{R}^n$ の中の図形かもしれません．ただし，その図形上の各点では2次元の近傍が取れるわけです．「閉」というのは前節で説明したように，その $\mathbb{R}^n$ 内の図形としてみて「有界閉集合」だということを意味しています．

曲面の分類定理

連結で向き付け可能な閉曲面は，下の図の曲面のいずれかと同相．さらに，図の上の曲面の「穴の数」（＝下の曲面の取っ手の数）を g とすると，それぞれの曲面と同相な多面体の表面について，次の式が成り立つ．

$$V - E + F = 2 - 2g$$

ただし，V, E, F は，頂点，辺，面の数．

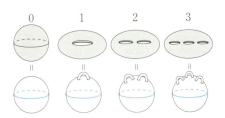

ここで「**連結**」というのは，図形として「つながっている」(二つ以上の部分（開集合）に分離できない）という意味です．なお以降，曲面と言ったら全て連結なものとしておきます．

また「向き付け可能」というのは，「おもて・うらの区別がつけられる」という意味です．そうでない，つまり「向き付け不可能」な曲面として，下の図のような「**メビウスの帯**」(Möbius band)が有名ですね．

以降，この本では「向き付け可能性」には触れません．つまり，以降，全ての多様体は「向き付け可能」と仮定します[15]．

さてこの $V-E+F$ （つまり $2-2g$）の値は，オイラーに因んで**オイラー標数**（Euler characteristic）と呼ばれています．つまり，閉曲面（閉2次元多様体）はオイラー標数で分類できるのです．またこの g，つまり曲面の取っ手の数を**種数**（しゅすう）と言います．（g は種数を表す英単語 genus の頭文字です）

一方で，実はオイラー標数だけでは，3次元多様体の分類はできないのです．実際，全ての閉3次元多様体に対してオイラー標数は常に0になってしまうのです．

---

[15] 向き付け不可能な3次元多様体というのもあるのですが．

例えば，図のように鏡に映った四面体を二つ用意して，対応する面同士を貼り合わせると，31ページで説明したように3次元球面が得られるはずです（トポロジーにおいては，ボールの代わりに四面体を使っても，同じ（同相な）多様体ができますから）．

このとき，オイラー標数の計算の真似をして，（頂点数）−（辺数）＋（面数）−（四面体の数）を計算すると，$4-6+4-2=0$となってしまいます…

さて，いよいよポアンカレの登場です．ポアンカレは，一般の次元の多様体についても，このオイラー標数を考えるため，**ホモロジー群**と呼ばれる概念を導入しました．

ホモロジー群についての説明は，この本では省略させてもらいます．その後，20世紀になってから，ホモロジー群については大きく発展し，公理化を経て，そしてカテゴリー論と呼ばれる現代数学の基礎につながっていくのですが…

さてここで14ページに書いたことに戻ります．ポアンカレは，その2番目の補遺の中で，3次元多様体はホモロジー群で分類できるのではないか，という問いを書きました．例えば，3次元球面と同じホモロジー群を持つ閉3次元多様体は，3次元球面と同じ（同相）になるのではないか，ということです．オイラー標数では分類できなかったので，それを精密化したホモロジー群では

できるのでは，と考えたのでしょうか．

しかし残念ながら，これは正しくありませんでした．ポアンカレは，1904 年の 5 番目の補遺の中で，3 次元球面と同じホモロジー群を持つ閉 3 次元多様体を構成して見せて，さらにそれが 3 次元球面と同じ（同相）ではない，ということを証明して見せました．

この 3 次元多様体は，今日では，**ポアンカレ十二面体空間**と呼ばれています．

ポアンカレ自身の構成とは異なるのですが，この多様体の作り方を簡単に説明してみましょう．まず，図のような正十二面体を用意します．

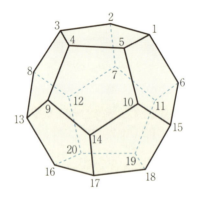

もちろんこの多面体には 12 個の面があるのですが，よく見ると，互いに向かい合っている 2 面が 6 組あることがわかります．例えば，図で，頂点に 1 〜 5 の番号が付いている面と，16 〜 20 の番号が付いている面，が組になります．

ここで，34 〜 35 ページで説明した 3 次元トーラスを思い出し

てください．3次元トーラスでは，互いに向かい合う3組の面同士を貼り合わせたのでした．そして，今は，この正十二面体の6組の面同士を貼り合わせるのです！

「向かい合う」と書きましたが，正確には，ぴったり向かい合っている（平行移動で重なる）わけではありません．そこで，36°回転させて貼り合わせることにします．例えば，先ほどの面の頂点たち（1, 2, 3, 4, 5）を，向かい合う面の頂点（18, 19, 20, 16, 17）と貼り合わせることにするわけです．

と言っても，もう想像もできませんが．．．とにもかくにも，このようにして閉3次元多様体が得られることは（なんとなくでも）わかってもらえるのではないかと思います[16]．

ちなみに下の図は，ポアンカレが1904年の原論文で使った図です（現代風に描き直してあります）．

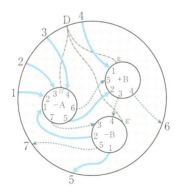

---

[16] ここで紹介した構成方法はドイツの数学者H.クネーザーによるもの（1929年）とされています．

52 | 第 1 章　ポアンカレ予想

1.6.2　そして基本群へ

それではポアンカレは，どうやってこの「ポアンカレ 12 面体空間」が 3 次元球面と同じ（同相）で**ない**と証明したのでしょうか？

一般に数学において「... でない」ことを証明するのは，「である」を証明するより難しいです．例えば「2 は有理数である（つまり，分数の形で表せる）」ことを示すのは，$2 = \dfrac{4}{2}$ と書けることを確認すればいいだけですが，「$\sqrt{2}$ が有理数でない（つまり，分数の形で表せない）」ことを示すのは，**どんな分数**を持ってきても $\sqrt{2}$ を表すことができない，ことを言わなければいけないですよね．感覚としてですが，難しさがわかってもらえるでしょうか．つまり何か工夫がいるのです [17]．

ポアンカレが「「12 面体空間」が 3 次元球面と同じ（同相）でない」ことを示すのに使ったのが，**基本群**（きほんぐん）でした．実際，ポアンカレは，その最初のトポロジーの論文「Analysis Situs」（1895 年）の中で，すでにこの基本群というものを導入（定義）していたのです．

その第 5 の補遺の中で，ポアンカレは「12 面体空間」のホモロジー群と基本群を計算しています．この計算については，残念ながらこの本では扱いませんが，少しだけ詳しく言うと，

- そのホモロジー群が完全に 3 次元球面と一致すること

-----

[17] 高校では $\sqrt{2}$ が有理数でない（つまり，無理数である）ことを示すのに**背理法**を使って証明したはずです．

- さらに，その基本群がいわゆる 20 面体群と呼ばれる群になり，3 次元球面の基本群と同じ（同型）でないこと

を計算により示しているのです．

以降では，まず「ポアンカレ予想」を理解するために，「基本群が自明になる」ということを，2 次元球面や 3 次元球面を使って説明します．

基本群が自明になるとは

まず 2 次元球面を考えてみましょう．

47 ページの曲面の分類定理で示されているように，実際には曲面はオイラー標数で区別できます．つまり，多面体（の表面）として表して（実現して）おいて，頂点と辺と面の数を数えて計算すれば，同じ（同相）かどうか区別できてしまいます．しかし，3 次元多様体については，それでは区別できません．では，何を考えて調べれば区別できるのでしょうか...

ここでポアンカレが着目したのが**ループ**なのです．

1.4.2 節でトーラスの地図を作ってくれたアリくんに，今度は 2 次元球面の上を歩いてもらいましょう．ある地点をスタートして，いろいろ旅をしたアリくんは，元の地点に帰ってきます．こ

のとき，今度はどんなふうに歩いたのか，を知りたいと思ったアリくんは，実は長い長いロープを持って歩いていたのです...

このアリくんのロープのように，ある地点をスタートして元に戻ってくるように動いた点の軌跡を「ループ」と呼ぶことにします．とにかく戻って来れば良いので，同じ場所を2回通っても良いし，行ったり来たりしても，途中で止まったりしてもかまいません．

極端な例では，スタート地点でずっと立ち止まっている点の軌跡，つまり，ただ一つの点，ですが，これも1つの「ループ」だと思います．

さて，スタート地点に片方の端を止めておいて，もう片方の端を持って歩いて戻ってきたアリくん．一体，どのくらい歩いたのかを知りたいと思い，そのロープを引っ張ってみます．すると...そうです．2次元球面上なので，そのロープはどんどん引っ張られてしまって，結局，ロープが全て戻ってきてしまいました！
（ここではもちろん「山」や「海」は無視しています．）

このように，引っ張ったり縮めたり，**連続的に変形**して，重ねることができるループたちは同じ仲間だと思うことにしましょう．トポロジーでは，「このような2本のループは**ホモトピックであ**

る」といいます．

例えば，アリくんの例が示すように，2次元球面上のどんなループも，実は一点からなる**ループ**（動かなかった点の軌跡）とホモトピックになります．

しかしもちろん，いつでもそのようになるわけではありません．今度はトーラスを考えてみます．

図の青い線のようなループを考えると，今度はトーラス上では引っ張っても縮んでくることができません．ここで間違えないでほしいのは，今，考えているのは「トーラス」だけであって，周りの空間は考えないことです．ループはトーラスの上に張り付いていて，そこから離れることはできないのです．つまり，アリくんの作ってくれた地図の世界だけを考えている，ということです．

つまり，2次元球面上ではどんなループも一点からなるループにホモトピックになるけれど，トーラスでは一点からなるループにホモトピックにならないループがあります．この例だけでも，2次元球面とトーラスが，図形として異なる性質を持つことがわかりますね．

このように考えて，図形を分類するために，「一点に縮まないループ」を数えて比べてみよう，というのが「基本群」のアイディアなのです．つまり，図形 X に対して，次のような集合を考えるわけです．

$\{X$ 上のループ，ただしホモトピックなものは同じとみなす$\}$

これが基本群のもとになる集合なのです．「もとになる」と書いているように，実際，「これが基本群」そのものではありません．しかし，ポアンカレ予想を説明するだけならば，基本群とは何か，まで理解しなくても，このループの集合を使って「基本群が自明になる」ことだけわかれば十分なのです．これからそれを説明していきます．

先程，見たように 2 次元球面については，それ上のすべてのループが一点からなるループとホモトピックになってしまいます．ということは，その「ループの集合」は

$\{$一点からなるループとホモトピックなループ$\}$

つまり，ただ一つの要素からなる集合になってしまいます．このように「ループの集合」が「ただ一つの要素からなる集合」になってしまうときに，その図形の基本群が自明になると言うのです．

さて次は 3 次元球面です．31 ページで説明したように 3 次元球面は，2 つのボールを用意し，その表面同士を貼り合わせることで作られました（下図左）．そこで例えば，片方のボールの中に一つの点を取り，そこをスタートして戻って来るような点の軌跡としてループを考えます（下図右）．

今，ボールの中ではもちろんすべてのループは引っ張ってこら

れます．また，表面の2次元球面の「基本群が自明になる」こともわかっています．これらのことを合わせると，（もちろんちゃんと証明が必要ですが）3次元球面の基本群も自明になることがちゃんとわかるのです！

では他の多様体ではどうでしょうか？

トーラスの基本群は自明にならないことは，先程，みました．地図を使って考えたことと同様に考えれば，3次元トーラスの基本群も自明にならなそうです．

他の3次元多様体ではどうでしょうか？ そう，この質問こそがポアンカレ予想に他なりません．

ポアンカレ予想

「閉3次元多様体 V が3次元球面でないのに，その基本群が自明になることはあり得るだろうか？」

ここで一つだけ注意をしておきます．もちろん最も簡単な3次元多様体，3次元ユークリッド空間 $\mathbb{R}^3$ も，その基本群は自明になります．どんなループを考えても，何の障害もなく，いくらでも引っ張ってこられるからです．つまり，ポアンカレ予想において「閉」という仮定は必要です．

さらに，1935年にイギリスの数学者 J.H.C. ホワイトヘッドが，ポアンカレ予想の研究の中で，$\mathbb{R}^3$ と同じ（同相）でないのに，基本群が自明になってしまう開3次元多様体の例を見つけてしまっています．つまり，ポアンカレ予想の「開」バージョン「開3次元多様体 V が3次元ユークリッド空間でないのに，その基

本群が自明になることはあり得るだろうか？」に対しては反例があるということなのです...

下の図は，よく（**ホワイトヘッド多様体**と呼ばれる）その例の説明に使われる図です．トーラスが無限に入れ子になって続いていきます...

これで，ようやくポアンカレ予想とは何か，の説明が終わりました．難しいのか，わかりやすいのか，どう思ったでしょうか...少しでも何か感じてもらえれば嬉しいです．

なお一般に，基本群が自明であるとき，その多様体は**単連結**（simply connected）であるといいます．よく使われている用語で便利な用語なので，後の章では使っていきます．

第2章

多様体の幾何構造

2.1 サーストンの幾何化予想とは

2.2 曲面の幾何化

2.3 1次元の幾何化

第2章 多様体の幾何構造

　1904年の論文で提起された「ポアンカレ予想」ですが，大きく注目され始めたのは1930年ごろ，57ページに出てきたイギリスの数学者J.H.C.ホワイトヘッドが研究を始めてからのようです．その後，多くのトポロジスト（トポロジーの研究者のことをこう言います）たちがこぞって，そしてあるものは取り憑かれたように，研究を進めていきます...

　その研究の多くは，前節で見たような図形の図を描いて変形したりといったトポロジーの手法，もしくは，基本群などについて考える代数的な手法を用いたものでした．

　このような3次元多様体の研究に突如，大変革を起こしたのがアメリカの数学者 **W. サーストン**です．

　この章の目的は，サーストンが提起した「幾何化予想」を説明する準備として，より次元の低い1次元と2次元の多様体の「**幾何化**」をみていきます．これを踏まえて次章で，3次元多様体の幾何化に迫って行くわけです．

2.1 サーストンの幾何化予想とは

まず最初に，（予習として）サーストンが述べたオリジナルの形で幾何化予想を見ておきましょう．**幾何化予想**が初めて明確に述べられたのは，次の論文の中です．

W. P. Thurston, Three-dimensional manifolds, Kleinian groups and hyperbolic geometry, Bull. Amer. Math. Soc.（N.S.）6（1982），no. 3, 357-381.

この論文の最初のページに次の予想が書かれているのです．

"CONJECTURE. The interior of every compact 3-manifold has a canonical decomposition into pieces which have geometric structures."

「予想．任意のコンパクトな３次元多様体の内部は，**幾何構造**を持つピース（部分）への標準的な分解を持つだろう．」

これが現在，サーストンの幾何化予想（Geometrization Conjecture）と呼ばれているものです[1]．「ピース」というのがちょっとわかりにくいですが，3.5節で詳しく説明します．

---

[1] 正確に言えば，すでにペレルマンによって証明されたので「サーストン－ペレルマンの幾何化定理」と呼ばれることもあります．

62 | 第2章 多様体の幾何構造

さらに後ほど，3.6節で説明するように，この幾何化予想が正しければ，実はポアンカレ予想が正しいこともわかるのです．つまり，この「幾何化予想」は，ポアンカレ予想を一部として含む拡張された予想になっているのです．

ちなみに，前のサーストンの論文の最後，第6節は，24個の未解決問題で埋められています．その1番目はもちろん上の幾何化予想（少し述べ方は違いますが）．他の23個の予想が，その後の3次元多様体論，もっと言えば，低次元トポロジー，さらには，関連する複素関数論や**クライン群論**[2]まで，その後の研究を推進させてきたと言っても過言ではないと思います．その多くは現在（2017年夏）までで解決されていますが，まだ未解決なものも残っています．

W. サーストン

ウィリアム・サーストン（William Paul Thurston）は20世紀から21世紀を代表するアメリカの数学者です．特に，3次元多様体論における革命的な研究で知られています．その成果により1982年に36歳で**フィールズ賞**を受賞しました．

サーストンが1978年から1980年にかけてプリンストン大学で行った講義のノートは，正式に出版されることはなかったのですが，プリンストン大学からコピーが配布され，全世界にいきわたって行きました．筆者も大学院の

---

[2] 3次元双曲空間の向きを保つ合同変換全体からなる群の離散的な部分集合で群になっているものをクライン群と言います．

1年生の時にゼミで（途中まで）読んだのですが，様々なアイディアが濃縮され，新しい（奇抜なと言ってもいい）概念や用語が溢れ出す，普通の数学の論文とはまるで違ったものと感じました．しかし，厳密な証明よりもアイディアが優先されているので，正直，大学院生が読むにはかなり厳しかったです...

下の図はそのノートの中で使われている図です．なかなか味わい深いと思いませんか？

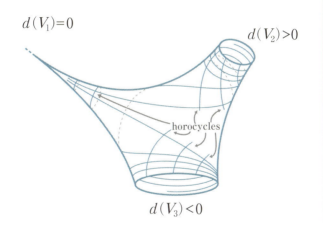

2.2 曲面の幾何化

この節では，幾何化予想の前奏曲として，幾何構造と**曲面**の幾何化の話をしたいと思います．これは基本的には 19 世紀には知られていたことであり，特にポアンカレは知っていたと思われます．

2.2.1 トーラスとユークリッド幾何

まず最初に,**トーラス**を考えてみましょう.1.4.2節の説明で使った「アリさんの地図」を思い出してください.

アリさんの住む世界は,実はトーラスだったわけですが,それはトポロジーで考えた「大まかな形」の話です.では,実際の「大きさ」,つまり「長さ」や「面積」はどうなっているのでしょうか？

これは,位相幾何学（トポロジー）の問題ではなく,より正確な幾何学の問題です.トポロジーでは,とにかく辺を貼ることだけを考えるので,長さや角度は無視していました.しかしもしアリさんが,正確な長さ（距離）や角度を測ることができれば,より正確な「幾何学的な」地図を作ることができるでしょう.

もしそのようにして作った地図がユークリッド平面 $\mathbb{R}^2$ に置けたとしましょう.例えば,それが正方形の地図であれば,その上辺と下辺,右辺と左辺は,同じ長さになります.そのときには,ちゃんと長さまでこめて「正しく」貼り合わせることができますね.その地図が長方形や平行四辺形であっても大丈夫そうです.

しかし,もしそれが台形だったら...図のような台形の地図を考えます.

2.2 曲面の幾何化

まず左右の同じ長さの辺を貼ります．できるのは右のメガホンのような形です．しかしこれでは，上の円と下の円の大きさが違うので，「長さを保って」貼ることはできません！ トポロジーにおいては，大きさが違っていても，円と円なので貼り合わせることができたのですが…

トポロジーで考えるトーラスというのは，「ふにゃふにゃした」柔らかいものでした．このトポロジー的な「柔らかい」トーラスから「硬い」トーラスを作ることにより「長さや角度の測り方を決める」ことができるのです．

このように，トポロジー的な図形（空間）に，長さや角度の測り方を適切に定めることを「**計量を入れる**」と言います．その図形（空間）用に，長さや角度を測る適切な「定規／分度器」が与えられたと言っても良いかと思います．ただし，定規や分度器を取り替えたら，同じ図形でも長さや角度が変わる（変えられる）ことに注意してください．この考え方が，最後の章で大事になって来ます．

さて今, 硬い（計量が入った）トーラスを作るのに，「ユークリッド平面 $\mathbb{R}^2$ 上に置いた」地図を考えました．したがって，できた「硬い」トーラス上では，

66 | 第2章 多様体の幾何構造

> 十分小さな範囲だけを考えるときは，どこでもユーク
> リッド平面 $\mathbb{R}^2$ 上で考えるのと同じ状況

になるはずです．そういう意味でいうと，前で作ったトーラスは，**ユークリッド幾何学**を基に長さや角度が考えられると思えます．このことから，上で作ったトーラスは「ユークリッド的トーラス」と呼ばれています．そして，ユークリッド的トーラスが作れたことから，「トーラスは**ユークリッド幾何により幾何化される**」ということにするわけです．また「ユークリッド**幾何構造を入れられる**」とも言います．

　より一般に「幾何化する」「幾何構造を入れる」とは，

> 多様体に対して，十分小さな範囲ではどこでも，あるも
> ととなる幾何学と同じ状況で考えられるように，長さや
> 角度の測り方を決める（計量を入れる）

ことと（ちょっと堅苦しいですが）定義されます．これまでのトーラスの例から，なんとなく伝わると良いのですが...　そして，この章の残りずっと，これが繰り返し出てくることになります．

　ちなみに，ここでのトーラスの例では，「もととなる幾何学」として，「ユークリッド幾何学」が使われましたが，この後は，他にいろいろな幾何学が登場してきます．お楽しみに！

　さて前ページでは，「長さや角度の測り方を決める」と単に書きましたが，ここで具体的にトーラスに対して行ったこと（作業）

を見直してみましょう．実際には，

> 「ユークリッド平面」上の「正方形」を用意して，その
> 辺同士を「長さや角度がちゃんと保たれるように」貼
> り合わせる

ことをしました．これが幾何構造を入れる（一つの）方法になり
ます（後で何度も出てきます）．

　大事なことは，このようにしてできるトーラスの**どの点でも**，
ユークリッド平面と同じように長さや角度を測ることができると
いうことです．場所によって長さや角度が変わったりはせずに「一
様に」できるのです．でたらめに貼り合わせをしたのでは，そう
はできません．（台形からはできません．）

　そのため，辺を貼り合わせるときには，同じ長さの辺，つまり
「合同」な辺を貼り合わせたわけです．ここでユークリッド平面
上の図形が「**合同**」であるとは，中学校で習ったように

> （平面上で）動かしてぴったり重ね合わせられる

ということであり，26 ページのコラムで触れたように，ユーク
リッド平面 $\mathbb{R}^2$ 上の図形を「合同」という規準で分類し考えるのが，
ユークリッド平面幾何学なのでした．

　後で出てくる他の幾何学でも，同じように分類の規準となる「合
同」が定義され，そこから「幾何化」が考えられていくことになり
ます．

さて、ここで一つ不思議なことがあります.実は、今、作ったユークリッド的トーラスは、3次元ユークリッド空間 $\mathbb{R}^3$ では**実現できない**のです.

図のように「ちゃんとできてる」と思うかもしれません.しかし、よく考えてみると、アリさんの地図は、「ユークリッド平面上に置いて」から、合同な辺を貼り合わせたのでした.つまりアリさんからみると、ユークリッド的トーラスである世界は、どこも「曲がってない」のです.一方で、上の図のようなトーラスでは、場所によって「曲がり方」が変わってしまっています.つまり「どの点も一様」ではないのです.

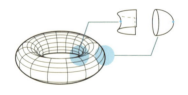

このことは後でもう少し詳しく説明します.この「曲がり方」というのが、このあとのキーワードになっていくのです.

また実は、ユークリッド的トーラスを作るのは $\mathbb{R}^3$ 内では無理であっても、もっと高い次元の空間、例えば4次元ユークリッド空間 $\mathbb{R}^4$ では実現できることもわかります.

2.2.2 球面幾何学

前節のように,トーラスは「ユークリッド幾何化できる」,言い換えると「ユークリッド幾何構造を入れる」ことができました.ではもっと簡単な2次元球面[3]はどうでしょうか?

とりあえず,前節の真似をしてみます.つまり今度はアリさんに球面上をくまなく歩いて地図を作ってもらいます.いろいろな形が出てきそうですが,とりあえず,次の図のようなものができたとしましょう.

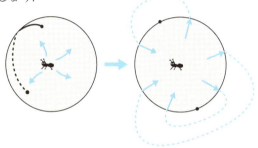

右ができた地図です.円板型をしています.右端までくると左端に出てきます.これは左の球面の方で見ると,ちょうど球面の裏側まで右から歩いて行って,そのまま左から戻ってくることを意味しています.もちろん反対に,地図の左側まで行くと,今度は右側から出てきます.

トポロジーにおいては,これは立派な球面の地図になります.円板型の地図の右端と左端を貼り合わせれば2次元球面ができるからです.

---

[3] 正確には,1.4.1節で説明したユークリッド空間 $\mathbb{R}^3$ 内の,原点中心の半径1の球面 S^2 ではなくて,それと同相な曲面を考えるということです.トポロジーにおける「柔らかい」球面を考えておいてください.

しかし残念ながら，この地図によって球面を「ユークリッド幾何化」することはできないのです．
「貼り合わせる 2 つの辺，ここでは右側と左側の弧，が同じ長さだったら大丈夫では？」
と思われるかもしれません．しかし，ここでよく見て欲しいところがあります．それは，球面上の「北極」と「南極」に当たる 2 つの点です．この点の周りを地図上で考えてみます．

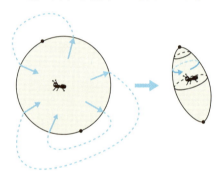

地図上でそれぞれの点において，左端の線と右端の線の「なす角」は 180 度です．ということは，長さと角度を保ったまま貼り合わせたとすると... そうです，とがってしまいます．

つまり，前の円板型の地図をユークリッド平面 $\mathbb{R}^2$ 上に置いて，「合同」で貼り合わせることによっては，どの点でも一様に $\mathbb{R}^2$ と同じように長さと角度を考える，つまり，ユークリッド幾何構造を入れることはできなさそうです．

そして実は，どのように球面の地図を作っても，それからユークリッド幾何構造を入れられない，ことが証明できるのです．このことをこれから，有名な**ガウス–ボンネの定理**を使って説明してみます．

2.2 曲面の幾何化 | 71

まず「ガウス−ボンネの定理」とはどんな定理なのか，とりあえず書いてみます．

ガウス−ボンネの定理

M を閉曲面とする．M の各点でのガウス曲率を K としたとき，

$$\int_M K\,dA = 2\pi\chi(M)$$

ここで，$\chi(M)$ は M のオイラー標数．

突然，「$\int$」なんて記号が出てきてびっくりしたかと思います．ここでは詳しいことは触れないので安心してください（後の章ではどうしても出てきてしまうのですが）．

この式の左辺で大事なのは，とにかく**ガウス曲率** K です．「$\int$」の記号は，ここでは要するに「すべて足し合わせる」ことを意味している，とだけ思ってください．

「**曲率**」というのは，文字通り，曲面のその点での「曲がり具合」を表しています．この左辺は，その各点での「曲がり具合」をすべて足したもの（総和）です．

なおガウス曲率については，後でもう少し説明します．また微分積分を使った曲率の説明も後の章の鍵となっていきます．

では右辺はというと，2π かける**オイラー標数**（つまり，頂点数 − 辺数 ＋ 面数の値）です．

72 | 第2章 多様体の幾何構造

　？？？ですね．「曲がり具合をすべて足す」と「2π」かける「頂点数−辺数＋面数」とは... でもこれが成り立つというのが，ガウス−ボンネの定理なのです．

> 個人的には，大学で習った数々の定理の中で最も不思議で最も感動した定理です．こういう全く結びつきそうもないもの同士が，奇跡的に深くつながるなんて本当に綺麗ですよね．うまく伝えられなくてもどかしいですが...

ガウス−ボンネの定理について

　もともとは1827年に，当時，「数学の帝王」とも呼ばれたドイツの数学者 C.F. ガウスが基礎となる研究をしていたそうです．しかし，彼はこの結果を公には発表せず，その後，1848年に少し一般化した場合について，フランスの数学者ボンネが出版．さらに1888年に，一般の閉曲面に対して前の式の形で，ドイツの数学者フォン＝ダイクが発表したとされています．

2.2 曲面の幾何化 | 73

さてでは，ガウス－ボンネの定理を使って，「球面にはユークリッド幾何構造が入らない」ことを証明してみましょう．「できない」ことを示したいので，52ページに書いたように何か工夫が必要です．ここでは**背理法**を利用してみます．

まず仮定として（ありえないでしょうが）「球面にユークリッド幾何構造が入った」としてみます．

> この仮定のもとに話（論理）を進めていくと，実は矛盾が起こる，ことをこれから示します．これができると，結局，仮定がおかしかった，つまり，そうでは「ない」ことを示すことができたということになるわけです．

ユークリッド幾何構造が入った，つまり，トポロジー的な（ふわふわの）球面に，うまく長さと角度などの形を決めて，ユークリッド的な硬い球面にできたとします．すると，その各点の近くでは，一様にユークリッド平面と同じように長さや角度が測れるはずです．特に，どの点の近くでも，平面と同じように「平坦に（つまり，曲がっていないように）」なっているはずです．

このとき，どの点でも曲がっていないというので，「ガウス曲率 $= 0$」となっていなくてはいけないでしょう．そして，球面上でその総和をとっても（つまり，$\int$ を計算しても），ガウス－ボンネの定理の左辺は，結局 0 になるはずです．

一方で，45ページで述べたように，**オイラーの多面体定理**より，球面の**オイラー標数**，つまり，頂点数－辺数＋面数の値はいつで

も2にならなければいけません！

　これでは，ガウス-ボンネの定理の左辺と右辺の値が一致しない（左辺は0で，右辺は4π）ので矛盾が生じます．よって，「球面にユークリッド幾何構造が入った」という仮定が正しくなかった，つまり，球面にはユークリッド幾何構造が入らないということが証明されたことになるのです．

　（これで証明終わりなのですが，納得できたでしょうか．背理法による証明は，慣れないと騙されたような気分になるかもしれません...）

　それでは球面は「幾何化」できないのでしょうか？　つまり，ふわふわしたトポロジー的な球面に，どの点でも同じになるように，うまく長さや角度の測り方を決めることはできないのでしょうか？

　いやいやできますよね．つまり，3次元ユークリッド空間$\mathbb{R}^3$内の「普通の」球面を考えればいいです．例えば，原点中心，半径1の「硬い」球面S^2を考えれば良さそうです．

　この球面S^2上の線分の長さや角の角度は，$\mathbb{R}^3$内にあるものとして測ったり計算したりすることができるはずです．そして，こ

のような「長さや角度の測り方」は，もちろん球面上のどの点でも同じになります（ぐるぐる回転させてみればいいのです．回転移動は $\mathbb{R}^3$ 内で長さや角度を変えませんから）．

このように球面上に長さや角度を入れて，球面上の図形を研究する幾何学が「**球面幾何学**」です．球面幾何学は天文学や航海術に必要な実学としてよく研究されてきました．

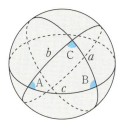

例えば図のような球面上の三角形は「**球面三角形**」と呼ばれ，その面積の公式や三角比の公式が古くから知られています（実際，球面三角法の最も古い文献は 11 世紀のイスラム世界の数学書だそうです）．

付録 1. に，球面幾何学について，もう少しだけ詳しく書いてみたので，興味があったら見てください．

この球面幾何学では，もちろん球面 S^2 上のどの点でも，同じように長さや角度を測ることができるので，これによって（ふわふわした）トポロジー的な曲面が「幾何化」されたと思えるでしょう．つまり，球面には球面幾何構造が入る，言い換えると球面は球面幾何によって幾何化できるのです（なんだか文字にすると当たり前みたいで変な感じですが...）．

球面幾何学では，高校までで習ったユークリッド幾何学と違って，いろいろ面白いことがあります．ここでは「球面三角形の内角の和と面積」について見ていきましょう．

「三角形の内角の和は，いつでも 180°」，そう小学校で習ったと思います．しかし球面三角形では，実は 180°になりません！

例えば，下の図のような（大きな）三角形の内角の和は 90°×3＝270°もあります．

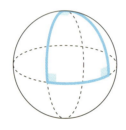

一方で，地球上においても，とっても小さな三角形を考えると，それはほとんど平面上にあるものと変わらないわけですから，その内角の和はほぼ 180°になります．

これらの例から，不思議なことに，球面三角形については，「内角の和はその三角形の大きさ（面積）と関係がありそう」と気がつきます．そして，このことは本当に正しいのです！

実際，次のことが成り立ちます．

> **球面三角形の内角の和と面積**
>
> 半径 1 の球面上の三角形△ ABC について次が成り立つ．
>
> △ ABC の内角の和 = △ ABC の面積 + π
>
> ただし，それぞれの内角は**弧度法**で測ることとする．

ここで弧度法とは，（高校で習ったと思いますが，）角度の測り方の一つで，1 周を 360° として測る度数法に対して，半径 1 の円周を考え，そこで対応する弧の長さが 1 となる角度を 1 弧度（1 **ラジアン（rad）**）とする角度の測り方です．半径 1 なので円の周全体の長さは 2π となるから，1 ラジアンの角度は，だいたい $1/(2\pi) \times 360° \fallingdotseq 360°/6.28 \fallingdotseq 57.32°$ になります．

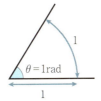

また，π はいわゆる**円周率**です．定義を覚えていますか？ 円周率とはユークリッド平面上の円の「周の長さ」÷「直径」の値のことでした．おおよその値は $\pi = 3.1415926535\ldots$ ですね．この π が，円の大きさや位置によらない定数になることもよく考えると不思議ではないですか？ しかも，球面上では面積の計算にも出てくるなんて...

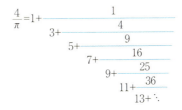

ちなみに，これは $4/\pi$ の連分数展開と呼ばれる式で，1751 年にドイツの数学者 J. ランベルトが，π が無理数であることを示すために使った式です．π の不思議さをよく表している気がします...

78 | 第2章　多様体の幾何構造

　さて，球面三角形の内角の和と面積の公式から，球面三角形の内角の和はいつでも π ラジアンより大きいことがわかります．$360°$ が 2π ラジアンなので，π ラジアンは $180°$．つまり，球面三角形の内角の和はいつでも $180°$ より大きくなることがわかります（実はこれと対極的なことを，次の節で見ることになります）．

　最後に，この幾何化された（硬い）球面の**曲率**（ガウス曲率）について確認しておきましょう．

　この球面では，どの点でも一様に長さや角度が測れることから，どの点でも曲がり具合，つまり，**曲率**は一定だと思われます．つまり，**ガウス−ボンネの定理**の式

$$\int_M K \, dA = 2\pi \chi(M)$$

における K は定数だと思って良いわけです．

　この左辺は（実は積分ですが）球面上の各点でのガウス曲率 K のすべて総和でした．しかし「総和」と言っても，K は定数となったので，結局は「$K \times$ 球面の表面積」になるわけです．ここで，球面の半径を 1 とすれば，中学校で習ったように，その表面積は $4\pi \times 1^2 = 4\pi$ となります．

　一方で右辺は，球面の**オイラー標数**が 2 だったことから，$2\pi \times 2 = 4\pi$ となります．

　ガウス−ボンネの定理より，これらの値が等しいので，つまり $K=1$ になるわけです．つまり，半径 1 とした場合，幾何化した球面のガウス曲率は（どの点でも等しく）1 だとわかりました．

2.2.3　非ユークリッド幾何学〜双曲幾何学〜

47 ページで述べた閉曲面の分類定理によれば，連結な向き付け可能な閉曲面は，球面，トーラス，そして，それ以外の閉曲面に分類できます．「それ以外」というのは 47 ページの図で，ボールに取っ手のついたように曲面を表したとき，その取っ手の数（**種数**というのでした）が 2 以上の曲面，ということです．

種数が 2 以上の閉曲面に「ユークリッド幾何構造が入らない」ことは，球面の場合と同様に**ガウス-ボンネの定理**を使って示すことができます．例えば，$g \geq 2$ のとき，種数が g の閉曲面に「どの点でもガウス曲率 K が一定」になるように幾何構造が入ったとします．ここで，その曲面のオイラー標数は $2-2g$ で 0 未満です．よって，各点でのガウス曲率 K は**負**（マイナス）にならないといけないことがわかります．つまり，球面幾何によっても幾何化できないことがわかります．

では，これらの曲面は幾何化できないのでしょうか？

そこで，またアリさんに地図を作ってもらいましょう．まず種数が 2 の閉曲面を考えます．これを F_2 としましょう．F_2 はボールに取っ手が 2 個ついた曲面ですが，見やすくするために，取っ手の部分を膨らませて，下の図のように表しておきます（ここはトポロジーですから，変形は自由です！）．

さてここからちょっと複雑なので頑張って見てください.

まずアリさんが歩いた結果, 次の左の図のように「地図の切れ目」の線が描けたとします. つまり, ある点からアリさんが歩き始めたところ, 右の図のように, 2つの方向からその線上の点にたどり着いたとします (球面の場合の 69 ページの図と同じ要領です).

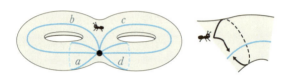

今度は切れ目の線が4本もあるので, それぞれに a, b, c, d とラベルをつけておきます. この 4 本の切れ目の線に沿って F_2 を切り開きます. 切ってすぐの図が下です.

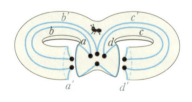

切り開いたとき, 切れ目の線は2本に分かれます. もともと1本の線だったので, 例えば a というラベルがついた線からできる 2 本の線には, a と a' というラベルをつけておきましょう. b, c, d のラベルがついた線についても同様です.

切った曲面を開いてみると...下の図ができます．つまり，8角形の地図です！

これが種数が2の閉曲面F_2の地図になります．逆に，右の8角形の地図から，ラベルに合わせて4組の辺を貼り合わせると種数が2の閉曲面F_2ができることになります．わかるでしょうか．

この地図を使ってF_2を幾何化することを考えてみましょう．

もちろんもう無理だとわかってはいますが，とりあえず，この地図をユークリッド平面$\mathbb{R}^2$上に置いてみます．するとユークリッド平面上では，8角形は対角線を使って6個の三角形に分割されます．したがって，その8個の頂点における内角の和は$180°\times 6 = 1080°$になります．

ここで，前の図のように地図の辺を貼り合わせてF_2を再構成すると，その8個の頂点は全て一つの点の周りに貼り合わされてしまいます．つまり，その貼り合わされたF_2上の点の周りは$1080°$の角度が集まっています．これでは$360°$をはるかに超えてしまって，角度が余ってしまっていますね...

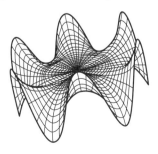

82 | 第2章　多様体の幾何構造

　もしこの F_2 が「幾何化できた」とする，言い換えると，この点の周りでも集めた内角の和が $360°$ になったとすると，どうなるのでしょう？　そのとき，用意しなければいけない「8角形」は，その内角の和が（$1080°$ ではなくて）$360°$ しかないはずです．さらに，もしそれを対角線で分割して，6個の三角形にできたら，それぞれの内角の和は $180°$ には当然なりません．もし6個の三角形の内角の和が全て同じだったら $360° \div 6 = 60°$ しかない，つまり，ものすごく「細い」三角形になります．そんなことはあるのでしょうか...

　こんな不思議なことが起こりうる幾何学，それが「**非ユークリッド幾何学**」として初めて「発見」[4) された「**双曲幾何学**」です．双曲幾何学についてもう少し詳しいことは，付録の 2. に載せてあるので，よければ見てください．

　ここでは，この「双曲幾何学」が曲面 F_2 の幾何化とどう関係するのか，を見ていきましょう．

　前ページで説明したように，種数が2の閉曲面 F_2 を8角形の地図を使って幾何化しようとするとき，用意しなければいけない「8角形」は，その内角の和が $360°$ しかないものでした．そして，もしそんな「8角形」ができたとしたら，それを対角線で分割してできる三角形は，その内角の和が $180°$ よりも小さい「細い」三

---

4) 「発見」と括弧付きで書いたのには理由があります．そもそも数学的な命題なので「証明」と書くべきなのかな，とも思いますし，前にも書いたように，こういう新しい定義をした，だけと見ることもできるかと思います．それでも，この「発見」は人類の科学史上において，大きな変換点とみなされることも多いので，ここではあえて「発見」という書き方をしてみました．

角形になるのでした．

実は「非ユークリッド幾何学」である双曲幾何学では，有名なユークリッドの原論の第5公準の否定

「直線が2直線と交わるとき，同じ側の内角の和が180°より小さくて，その2直線が限りなく延長されたときでも，内角の和が180°より小さい側で交わら**ないことがある**．」

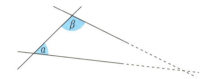

ということが成り立ちます！ したがって，図のような場合でも，三角形ができないことが起こりえます．さらに言うと，もし三角形ができたとしても，その内角の和は180°よりも小さくなるのです！（78ページでみた球面三角形の場合と正反対ですね．）

このことから，双曲幾何学においては，正確には，2次元双曲平面上では，図のような「とがった」正8角形を作ることができます．

この正8角形の8つの辺は同じ長さ，つまり合同なので，双曲幾何学においては貼り合わせることができます．さらに，8個の

84 | 第2章　多様体の幾何構造

頂点における内角は，それぞれ 45° となっており，全て貼り合わせたときできる点の周りには，ちょうど 360° 集まって来てくれます！

したがって，この双曲正8角形の地図から，種数2の閉曲面に双曲幾何構造を入れることができるのです．つまり，種数2の閉曲面は双曲幾何によって幾何化できるというわけです．そして，これは種数が2以上であれば，全く同様に行うことができます．つまり，種数が2以上の閉曲面は**全て**双曲幾何によって幾何化できるのです．

以上，長々と書いてきましたが，結局，閉曲面の幾何化については，以下のようにまとめられることになりました．

球面	トーラス	種数2以上の曲面
球面幾何構造	ユークリッド幾何構造	双曲幾何構造
$K = 1$	$K = 0$	$K = -1$

特に，全ての場合において，各点でのガウス曲率 K の値は一定であるような幾何構造を入れることができるのです．このような幾何構造を与えることができる幾何学を**定曲率幾何学**と呼んでいます．

2次元多様体である曲面については，このように全ての閉曲面が定曲率幾何学によって幾何化できたのですが，3次元多様体ではどうでしょうか？　それを次の章で見ていくことにします．

幾何学の歴史とクライン／リーマン

「ユークリッド幾何学」は実際,二千年以上にわたって唯一の幾何学として信じ続けられてきました.しかし,ようやく19世紀に入り,いわゆる「非ユークリッド幾何学」が"発見"されます.そしてその後,様々な幾何学が考えられるようになり,それらの多くの幾何学をどのように統合すれば良いか,ということが考えられました.

そのうちの一つは,1872年にドイツの数学者F.クライン(上の写真)が(弱冠23歳!で)エルランゲン大学の教授職に就く際に発表した論文でした.現在では,その発表された場所にちなんで,クラインの「**エルランゲン・プログラム**」と呼ばれています.この章で紹介するサーストンの幾何構造の考え方は,このエルランゲン・プログラムの流れを汲むものとみなすこともできると思います.もう一つのアプローチは,同じくドイツの数学者B.リーマンによるものです.

2.3　1次元の幾何化

2次元多様体である閉曲面について,定曲率幾何学である「球面幾何学」「ユークリッド幾何学」「双曲幾何学」によって「幾何化」

される，つまり，これらの幾何学を元にした幾何構造を入れられるということがわかりました．では，そもそも，その前の「1次元多様体の**幾何化**」はどうなるのでしょうか？ ここで簡単に確認しておきましょう．

まず最も簡単な1次元多様体は，実数の集合 $\mathbb{R}$，つまり，直線（**数直線**）ですね．ちょっと堅苦しく言えば，n 次元ユークリッド空間 $\mathbb{R}^n$ の $n=1$ の場合なので，$\mathbb{R}^1$ ともかけます．

この数直線上の2点間の距離は，それらの2点を表す座標（実数）の差（絶対値）になります．このような距離を考えることで，$\mathbb{R}$ 上で1次元のユークリッド幾何学を考えることができます．その意味で，自然に直線 $\mathbb{R}$ には「1次元のユークリッド幾何構造が入る」，もしくは1次元ユークリッド幾何学で幾何化できるというわけです．

次に第1章22ページでみたように，ユークリッド平面 $\mathbb{R}^2$ 上の円は1次元多様体になります．この「円」にはどのような幾何構造が入るのでしょう．

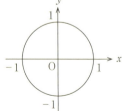

さすがにもうアリさんにご登場いただくまでもないでしょうか．

2.3 1次元の幾何化 | 87

これまでと同様に考えると，円の「地図」として考えられるのは「線分」であり，その両端点を貼り合わせることにより円ができることがわかります.

この線分を数直線 $\mathbb{R}$ 上にあると考えると，例えば，その「貼り合わせ」は，数直線 $\mathbb{R}$ 上の「平行移動」で実現されることがわかります．もちろん「平行移動」は，数直線 $\mathbb{R}$ を 1 次元ユークリッド空間とみなしたとき，2 点間の距離（その 2 点を端点とする線分の長さ）を変えません．つまり，1 次元ユークリッド幾何学において，平行移動は図形（線分）を「合同」な図形（線分）に移すのです．そして，その平行移動で線分の端点を貼り合わせて得られるのが円，というわけです．結局... 次のことがわかります.

> 円はユークリッド幾何によって幾何化される，つまり，
> 円にはユークリッド幾何構造が入る.

これはちょっと随分な... 違和感もありますが，実際，成り立ってしまうので仕方ないです. [5] しかも，このことが次の章では重要になってきます.

実際，幾何化できるような 1 次元多様体は，数直線 $\mathbb{R}$ と円だけであることが知られています．逆に言うと，実は「幾何化できるような」と言う仮定を外すと，これら以外の 1 次元多様体を作れることも知られているのです.

---

[5] もちろん「円」をユークリッド平面 $\mathbb{R}^2$ 上の曲線とみたとき，その曲率は正になります.

低次元とは......

今さらですが，本書のタイトルの一部である「**低次元**」の意味についてです．

日常会話の中で「低次元」なんて言うと，なんだか頭が悪そうですが，トポロジーにおいては，しっかりと主要な研究対象になっています．特に，1.2 節で説明したように，物理学ではなく数学においては，次元の数に特に意味はないのです．基本的には，2 次元でも，3 次元でも，10 次元でも，248 次元でも一緒です．もちろん，それぞれの次元について，固有の現象はあるのですが．

気になるのは，何次元までを「低い」と思うか，です．本書で取り扱うのは，基本的に「3 次元まで」ですが，一般的に「低次元トポロジー」といった場合には「4 次元まで」とすることが多いです．

これは，実は「4 次元トポロジー」には，他の次元で成り立たない固有の現象が多く見られること，また，いくつかの重要な定理が「5 次元以上で成り立つ」ことが知られていることによるのです．

第3章

サーストンの
幾何化予想

3.1 定曲率幾何構造

3.2 直積幾何構造

3.3 ねじれ積の幾何構造

3.4 8つの幾何学

3.5 幾何化予想とは

3.6 幾何化予想からわかること

第3章　サーストンの幾何化予想

　前章でみてきたような1・2次元多様体の「幾何化」を元にして，この章では，3次元多様体の幾何化を丁寧に説明し，その後で，サーストンが提起した「幾何化予想」，そしてその一部を証明した「サーストンの怪物定理」をなるべくわかりやすく説明していきます．また「幾何化予想が証明できれば，ポアンカレ予想も証明される」ということも最後に説明します．ちょっと長くなってしまっていますが，どうかお付き合いください．

　2.2節で説明した曲面の**幾何構造**については，19世紀にはすでに完成され，よく知られたものになっていました．しかし一方で，3次元多様体については，そのような「綺麗な」幾何化は不可能だと，誰もが思っていたのです[1]．実際，サーストンが登場した1970年代当時，非ユークリッド幾何学（双曲幾何学）は幾何学の主流ではなく，もちろん3次元のトポロジーともあまり関係がないと思われていたようです．そんな中で，劇的に状況を変えたのがサーストンの登場だったわけです．

3.1　定曲率幾何構造

　まずいきなりですが，曲面のときと同様に3つの定曲率幾何学

---

[1] 実際，サーストンも同じように思っていたようです．1982年の幾何化予想を提起した論文の第1節に，次のような文章があります．I think it is fair to say that until recently there was little reason to expect any analogous theory for manifolds of dimension 3 (or more).

を考えましょう．難しく考えすぎないで，素直に2次元の場合を3次元にすればいいのです．

3.1.1　3次元ユークリッド幾何学

1.4.2 節で構成した **3次元トーラス**を思い出しましょう．これを T^3 と書くことにします．（2次元）トーラスの構成をそのまま3次元にして，立方体から構成した3次元閉多様体でした．これには 2.2.1 節と同じ要領でユークリッド幾何構造が入ります．詳しいことは次の 3.2 節でもみていきます．

実際には，この T^3 の中で，さらに「多面体」を作って，うまく対応する面を貼り合わせることにより，より「小さな」ユークリッド幾何構造が入る3次元多様体を作ることができます．このとき，貼り合わせるのには T^3 の対称性を使います．つまり，T^3 の中で長さや角度を保つような平行移動や線対称移動を考えて，それでうまく重ねることができる面と面を貼り合わせるわけです．

結局，ユークリッド幾何構造を入れられる連結で向き付け可能な閉3次元多様体は，T^3 を含めて全部で6個であることが（19世紀のうちに）知られているのです[2]．詳しくは省略しますが，下の図はそのうちの2個を表しています．

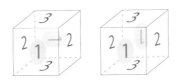

---

[2] 本質的にこの事実は，1891 年に発表されたドイツの数学者シェンフリースの結晶群の研究の中で得られています．

92 | 第3章 サーストンの幾何化予想

このように作った「小さな」多様体に対して，元の T^3 を**被覆空間**と言います．また T^3 自体も，3次元ユークリッド空間 $\mathbb{R}^3$ 内で立方体をとって面を貼り合わせて作ったことから，$\mathbb{R}^3$ は T^3 の被覆空間であると言えます．実はこの被覆空間を考えることで，多面体の面の貼り合わせと基本群を関連付けることができるのですが，詳しいことは省略させてください．

3.1.2　3次元球面幾何学

さて次に3次元の球面幾何学を考えてみましょう．2次元の場合には，2次元球面 S^2 だけに球面幾何構造を入れられるのでしたが，3次元では...

まず最も簡単なのは，もちろん**3次元球面** S^3 ですね．1.4.1節で説明した最もシンプルな3次元閉多様体が3次元球面です．「見えない」ので難しいかもしれませんが，とにかく，第1章30ページで説明したように，3次元球面は4次元ユークリッド空間 $\mathbb{R}^4$ 内で，原点から距離が1の点の集合だと定義されるのでした．つまり，次のような集合として表されます．

$$\left\{ (x,y,z,w) \in \mathbb{R}^4 \;\middle|\; x^2+y^2+z^2+w^2=1 \right\}$$

あとは2次元球面と全く同様に考えます．つまり，S^3 上で長さや角度を考えるのに，$\mathbb{R}^4$ 内にあるものとして測れば良いわけです．

「うーん，と言っても..」となりそうですが，平面上での，「曲線の長さ」や「2直線のなす角」は高校で（微分積分やベクトル

を使って）求めることができましたよね．なので，そのまま「次元を上げる（変数の数を増やす）」ことによって，求めることができるのです．これについては，後の章でもう少し詳しく説明します．

いずれにしても，とにかく「3次元球面幾何学」というものが，2次元の時と同様に考えることができて，「3次元ユークリッド幾何学」とは異なる幾何学ができるというのは，なんとなくわかってもらえるのではないかと思います．またそれによって，「3次元球面 S^3 には3次元球面幾何構造を入れられる」というのが，（当たり前っぽいですが）わかるわけです．

さて2次元では，球面幾何構造が入るのは球面 S^2 だけでした．3次元でもそうなのでしょうか？

実はかなり違います．球面幾何構造が入る3次元多様体は無限個もあるのです！

基本的な「作り方」は前節と同じです．3次元球面 S^3 の中で「多面体」を作って，うまく対応する面を貼り合わせます．このとき，貼り合わせるのには S^3 の対称性を使います．これで球面幾何構造が入るような，より「小さな」3次元多様体を作ることができるのです．

簡単な（でも重要な）例を紹介しましょう．下の図を見てください．

94 | 第3章　サーストンの幾何化予想

　まず「多面体」を用意します．でもちょっと普通（ユークリッド幾何学）とは違うので注意が必要です．

　図の左は，参考のための2次元の図です．2次元の球面幾何学での「直線」は，左図のような「円」になります（詳しくは付録1.を見てください）．このような球面上の「直線」で囲まれた図形が，球面上の「多角形」になるのでした．したがって左図は，球面上の「二角形」を表しています．この「二角形」の2本の「辺」は，同じ長さ，つまり合同，で，球面上の回転移動で重ねることができます（球面を空間内で回して重ねればいいです）．

　同様に3次元球面 S^3 内で考えたのが右図です．実は S^3 内の「平面」というのは，右図のような「球面」になるのです．そしてそのような「平面」で囲まれた図形が「多面体」になります．右図で色付き領域で示されているのが，S^3 内の「二面体」になります．わかりますか？

　このレンズのような形の「二面体」の2つの「面」は，（図の2つの球面の半径が等しければ）合同になります．もう見えませんが，4次元ユークリッド空間 $\mathbb{R}^4$ 内の回転移動で重ねられるからです（具体的に座標をちゃんと決めて計算すればできます．ここではやりませんが...）．そこでこの合同な2つの面を貼り合わせることを考えます．でもそのまま貼ったのでは「レンズのふち」の辺のところが困ります．というのは，その「辺」での2つの面のなす角は180°未満であり，貼り合わせた後に360°にはならないからです（2次元の場合の第2章70ページの図を思い出してください）．これでは球面幾何構造が入った3次元多様体ができ

ません...

そこで図のように，上の面と下の面を「ねじって」貼り合わせることにするのです！

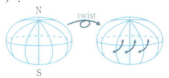

すると「レンズのふち」の辺は，複数本が集まるようになります．ここで面のなす角をうまく調節しておくと，その辺の周りにちょうど角度が360°に集まるようにできるのです．

こうして得られた3次元多様体を**レンズ空間**と呼びます[3]．

この貼り合わせる時のねじり方を変えることにより，無限個の「互いに異なる」レンズ空間を作ることができます[4]．そして，この作り方を見ればわかるように，レンズ空間には球面幾何構造が入るのです．

あとまだ他にも，球面幾何構造が入る3次元多様体があります．同様に3次元球面 S^3 内に「多面体」をとって，合同な面を貼り合わせることにより，ほか4種類（4系統）の多面体たちを作ることができるのです．4系統というのは，元の多面体が，角柱，四面体，八面体，十二面体の場合に対応しています．

---

[3] このようにして3次元多様体を構成することは1908年にドイツの数学者 H. ティーツェによって考案されました．その後，1930年ごろのトポロジーの教科書から「レンズ空間」と呼ばれるようになったそうです．

[4] 実際，レンズ空間の完全な分類(リスト)が，1935年にドイツの数学者 K. **ライデマイスター**によって与えられています．

そして，驚くかもしれませんが，第1章50ページで紹介した**ポアンカレ十二面体空間**にも，実は球面幾何構造が入ることがわかっているのです．

50ページで紹介した作り方を見ると，実は，ポアンカレ十二面体空間では，元の十二面体の3本の辺が重ねられて貼り合わされています．しかしユークリッド空間内の正十二面体では，その面角（2つの面のなす角）は約116°なので，3倍しても360°には少し足りません...ここで，図のように球面幾何学において正十二面体を考えると，もっと「ふくらませて」面角が120°になるように実現できるのです．これによって，ポアンカレ十二面体空間に球面幾何構造が入ることがわかります．

3.1.3　3次元双曲幾何学

最後に，最も「複雑で」「豊富な」幾何構造と呼ばれる双曲幾何構造について紹介しましょう．

非ユークリッド幾何学である球面幾何学が，ユークリッド空間内の球面という世界で展開される幾何学であるように，双曲幾何学は「双曲空間」において展開される幾何学になります．実際，ポアンカレも，「ポアンカレモデル」と呼ばれる双曲空間のモデル（ユークリッド空間内に球面のように実現した世界）を「発見」

しています（次の図）．しかし，残念ながら，双曲幾何学とそのモデルについて，詳しいことはここでは省略します．もう少し詳しいことは，ぜひ他の本で学んでみてください．

さて閉曲面（2次元多様体）について思い出してみます．第2章84ページにまとめたように，種数が2以上ならば全ての閉曲面に双曲幾何構造が入る，つまり，ある意味で「双曲幾何構造が一番豊富」なのでした．

しかし，3次元多様体については，当初はそう思われていなかったようです．実際，1933年に初めて双曲幾何構造が入る3次元閉多様体が発見された後,あまり他に例も構成されず「稀なもの」と思われていたようです[5]．

この最初に「発見」された例は，今では発見者の名前をとって，ザイフェルト・ウィーバー十二面体空間とか，双曲十二面体空間，と呼ばれます（発見者は，ドイツの数学者 H. ザイフェルトと C. ウィーバーです）[6]．「十二面体空間」と呼ばれるように，これは第1章50ページで紹介したポアンカレ十二面体空間によく似た作り方をしています．

---

[5] 例えば，アメリカ数学会による論文検索サービスによると，1933年のその論文は1940〜1980年の間，一度も引用されていないのです．

[6] 「閉」でない例は，それより前の1912年にドイツの数学者 H. ギーゼキングが「発見」していました．

つまり，3次元双曲空間内で，「正十二面体」を考え，その向かい合う面同士をねじって貼り合わせて作られる3次元多様体なのです．ただし，ポアンカレ十二面体空間では，36°ねじったところを，36°×3=108°ねじって貼ることにします．このとき，ポアンカレ十二面体空間では3本の辺が重ねて貼り合わされたのに対して，ザイフェルト・ウィーバー十二面体空間では5本の辺が重ねられることがわかります．そこで，集まった面角がちょうど360°になるためには，それぞれの辺における面角が，360÷5=72°にならなければいけません．ユークリッド空間内の正十二面体では，その面角は約116°なので，かなり「とがる」ことが必要になります．

それでも実は図のように，3次元双曲空間の中では，そのようにちゃんと実現されるので，このザイフェルト・ウィーバー十二面体空間には，双曲幾何構造が入ることが示されるのです．

この例を見ると，ちょっと特殊な3次元多様体にしか双曲幾何構造は入らないのかな，と思われるかもしれません．これに対して，アメリカの数学者R.ライリーが，1970年代に先駆的な研究を行い，いくつかのもう少し良くわかる3次元多様体に双曲幾何構造が入ることを示しました．そして，その後，サーストンの革

3.2 直積幾何構造 | 99

命的な研究がなされ，実はある意味で「十分複雑な」3次元多様
体には全て双曲幾何構造が入ることが示されたのです．これが，
3.5.2 節で説明する「サーストンの怪物定理」なのです．

3.2 直積幾何構造

さて，前節で 3 次元の 3 つの**定曲率幾何学**を説明し，そのよう
な幾何学によって幾何化される（そのような幾何構造が入れられ
る）3 次元多様体の例も見ました．

曲面，つまり 2 次元多様体の場合には，これだけで十分でした．
つまり，（向き付け可能，連結，閉という条件はつきますが）全
ての曲面は，定曲率幾何学によって幾何化される，言い換えると，
全ての曲面には定曲率幾何構造が入る，ことがわかっています．

しかし，やはりこれだけでは全ての 3 次元多様体に幾何構造を
入れるのは無理なのです．このことを直接に示すのは難しいので
すが，なんとなくわかるような例を挙げながら，定曲率幾何学「以
外」による幾何構造を見ていきましょう．

3.2.1 直積多様体

基本になる考え方は第 1 章 18 ページで説明した直積です．**直
積集合**とは，二つの集合の要素の組を要素とする集合のことでし
た．

例えば，2 次元ユークリッド平面 $\mathbb{R}^2$ と数直線 $\mathbb{R}$（これを 1 次
元ユークリッド空間とみなします）との直積集合 $\mathbb{R}^2 \times \mathbb{R}$ は，
$(x, y) \in \mathbb{R}^2$ と $z \in \mathbb{R}$ との組の集合となります．

第3章 サーストンの幾何化予想

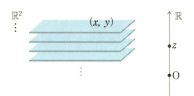

この集合の要素は $((x,y), z)$ という実数の組なのですが，これは自然に (x, y, z) とみなすことができます．つまり，自然に実数3個の組 (x, y, z) の集合，3次元ユークリッド空間 $\mathbb{R}^3$ だと思えます．

同様に考えると，1次元多様体と2次元多様体（つまり曲面）との直積集合として3次元多様体が作れることがわかると思います．一般に，2つの多様体の直積集合としてできる多様体を**直積多様体**と言います．このとき，できる多様体の次元は，元の2つの多様体の次元の和になることがわかります．

例えば，1.4節で示したように，2次元球面 S^2 は2次元多様体です．もっと簡単なのですが，1.3節での見方をもとに，同様に考えると，平面上の円（円周）S^1 は1次元多様体になります．ここで，この2つの多様体 S^2 と S^1 の直積集合を考えてみます．すると実はこれは1つの3次元多様体になるわけです．ただし残念ながら，普通の3次元ユークリッド空間 $\mathbb{R}^3$ の中では実現できません．3次元トーラス T^3 もそうでした．2次元平面 $\mathbb{R}^2$ の「中」に2次元球面 S^2 を部分集合として「実現する」ことはできないのとも似ています．抽象的で見えなくてわかりにくいですが，3次元多様体は「外から見る」ことはできないので，ここは「心の眼」

を凝らして想像してみてください.

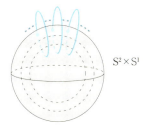

$S^2 \times S^1$

さて，この3次元多様体を（直積多様体なので）$S^2 \times S^1$ という記号で表します．実はこの3次元多様体には「定曲率幾何学」による幾何構造が入れられないのです．

というのは，第2章84ページで説明したように，多様体に定曲率幾何学による幾何構造を入れられた場合，その各点での曲がり具合というのは，一定にならなければなりません．しかし，今，つくった $S^2 \times S^1$ では，S^1 に沿った「垂直」方向と，S^2 が広がっている「水平方向」があります．これらは，例えば平行移動や回転移動をしても，決して同じように感じられないというのは，なんとなくわかってもらえるのではないでしょうか.

もちろん正確に示すのは簡単ではないのですが，ここではこのくらいにさせてください．なお，3次元多様体の「曲がり具合（曲率）」に関しては，次の章でもう少し詳しく説明することにします.

ついでですが，ここまでの説明と，第1章34ページでの説明を合わせると，たぶんわかってもらえると思うのですが，**3次元トーラス** T^3 は，（2次元）トーラス T^2 と円周（1次元球面）S^1 との直積多様体になります．

さらに言うと，実は，2次元トーラスも直積多様体なのです．

図のように，トーラスをよく見ると，円周 S^1 の各点に，また円周 S^1 が「ついて」いるようになっていることがわかるかと思います．つまり，トーラス T^2 は $S^1 \times S^1$ とも表される直積多様体なのです．

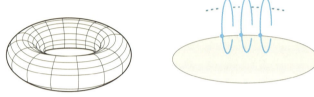

なお，このトーラス上においては，「たて」も「よこ」も同じ S^1 なので，どの方向も「等しい」ようにみなすことができます．上の図だけ見ると，たてとよこで違うじゃないか，と思うかもしれませんが，第2章 68 ページで説明したように，定曲率のトーラスは「曲がっていない」のでした．実際，2.3 節で見たように，実は S^1 には（1次元）ユークリッド幾何構造が入ります．そして，それが 2 次元のどちらの方向にも広がっているので，2 次元トーラス T^2 全体には定曲率幾何学であるユークリッド幾何学の幾何構造が入るわけです．

状況は 3 次元トーラス T^3 についても同様です．T^3 は 2 次元トーラス T^2 と円周（1 次元球面）S^1 との直積多様体，つまり，$T^2 \times S^1$ と表されます．さらに T^2 が $S^1 \times S^1$ と表されるので，合わせると，実は T^3 は $S^1 \times S^1 \times S^1$ と表されることがわかります．

これは，右ページの図（右）を見ると直感的にわかるように，T^3 には 3 次元の座標が設定できることを意味しています．そしてその 3 つの方向は全て同じように見える，というわけです．さ

らに，その3つの方向はそれぞれ S^1 に沿った方向ですが，S^1 には1次元ユークリッド幾何構造が入ることから，全て「曲がっていない」ように見えるので，全体としても「まっすぐ広がっている」定曲率幾何学，つまり，3次元ユークリッド幾何学の幾何構造が入るのです．

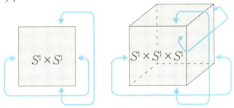

つまり直積多様体でも定曲率幾何学による幾何構造を入れられるものもあるし，入れられないものもあるのです．

では，$S^2 \times S^1$ のように，「定曲率幾何学による幾何構造を入れられない」3次元多様体には「幾何構造」を入れることはできないのでしょうか？ サーストン以前には不可能だと思われていたのですが... これを次で説明していきましょう．

3.2.2　直積多様体の幾何構造

ようやくここで，定曲率ではない**幾何構造**について，話をすることができます．まず第2章66ページで説明した，幾何構造とは何かを思い出しておきましょう．

104 | 第3章　サーストンの幾何化予想

> **幾何構造を入れる**
>
> 多様体に対して，十分小さな範囲ではどこでも，ある<u>もととなる幾何学</u>と同じ状況で考えられるように，長さや角度の測り方を決めること．

　ここの「もととなる幾何学」のところが問題です．閉曲面（2次元多様体）の場合では，ユークリッド幾何学，球面幾何学，双曲幾何学の3種類の**定曲率幾何学**，つまり，各点でのガウス曲率 K の値が一定であるような幾何学だけを考えれば十分でした．しかし，前節で見たように，3次元（以上）の多様体ではそれだけでは不足です...

　ここでサーストンが考えた（であろう）ことは，例えば，定曲率幾何学の代わりに，直積多様体のような（良さそうな）空間も「もととなる幾何学」として考えよう！というものだったのです．

　では，実際，どのような空間を考えれば良いのでしょうか...

　例として，再び $S^2 \times S^1$ から考えてみましょう．このとき，S^2 方向（横方向）には「（2次元）球面幾何学」の構造が入り，S^1 方向（縦方向）には，2.3節でみたように「（1次元）ユークリッド幾何学」の構造が入るのでした．したがって，どちらの方向も同じ，というような定曲率幾何学の幾何構造は入れられないわけです... が，しかし，2.3節で，S^1 にユークリッド幾何構造を入れた様子を思い出してください．数直線 $\mathbb{R}$ 上にある線分について，その両端点を，$\mathbb{R}$ 上の「平行移動」で貼り合わせれば，S^1 ができ

るのでした．同様に考えると，「（2次元）球面幾何構造が入った S^2」×「（1次元）ユークリッド幾何構造が入った $\mathbb{R}$」内にある図形「（球面）×（線分）」を考え，その境界面を「平行移動」で貼り合わせれば $S^2 \times S^1$ が得られそうです！

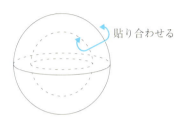
貼り合わせる

また実際，
「（2次元）球面幾何構造が入った S^2」

　　　　　×「（1次元）ユークリッド幾何構造が入った $\mathbb{R}$」
という空間は，各点において，曲がり方の異なる方向（「たて」と「よこ」）こそある（ので，定曲率幾何学にはならない）ものの，どの点においても，（長さや角度の情報も込めて）同様の「近傍」がとれることがわかります．したがって，このような空間の幾何学も考えられそうです．これがアイディアなのです！

正確には，どの点においても「同じ近傍」がとれるように，長さや角度の測り方を決めた空間を**等質空間**といいます．サーストンは，等質空間である3次元多様体のうち，以下の条件を満たすものを「もととなる幾何学」として採用することを提唱しました．

106 | 第3章　サーストンの幾何化予想

1. （ユークリッド空間 $\mathbb{R}^3$ や3次元球面 S^3 のように）**単連結**である

2. （T^3 や $S^2 \times S^1$ のように）その中の図形の「合同な面」同士を貼り合わせることにより，3次元多様体[a]が得られる

3. 上のような作り方で最も多くの多様体が得られる

---

[a] 厳密には，コンパクトなものまたは有限体積なものとします．

　そしてサーストンは，3次元多様体に対して，これらの条件を満たす「幾何学」（等質空間）は，全部で8種類しかないことを証明したのです！

　8種類のうち，3種類はすでにみた「定曲率幾何学」，つまり，ユークリッド幾何学，球面幾何学，双曲幾何学，です．あと5種類はなんでしょうか？

　一つは，先程，例として出した

「（2次元）球面幾何構造が入った S^2」

　　　　　　× 「（1次元）ユークリッド幾何構造が入った $\mathbb{R}$」

からつくられる幾何学です．これを（サーストンの論文に合わせて）$\mathbb{S}^2 \times \mathbb{E}^1$ 幾何学と呼ぶことにしましょう（$\mathbb{S}^2$ は球面幾何構造が入った S^2 を表します．また $\mathbb{E}$ は「ユークリッド（Euclid）」の E です）．これが4つめの幾何学になります．

　さらに続けて「（閉曲面 F）$\times S^1$」で得られる3次元直積多様体を考えてみます．

3.2 直積幾何構造

閉曲面 F が 2 次元トーラスの場合，できる 3 次元多様体は 3 次元トーラス T^3 です．これには 3 次元ユークリッド幾何構造が入りました．なので，新しい幾何学は必要ありません．

曲面 F の種数が 2 以上の場合，$F \times S^1$ はどうなるでしょう．この多様体も，3 次元ユークリッド空間 $\mathbb{R}^3$ 内では実現できませんが，$S^2 \times S^1$ のように考えて想像してみてください（下図が少しは助けになるでしょうか）．

貼り合わせる

この場合には，2.2.3 節で見たように，「よこ（水平方向）」，つまり F に沿った方向には「2 次元双曲幾何学」の幾何構造が入ります．そして「たて（垂直方向）」には「1 次元ユークリッド幾何学」の幾何構造が入ります．したがって，やはり定曲率幾何学の幾何構造は入らないことになります．

しかし，$S^2 \times S^1$ と同様に考えると，
「（2 次元）双曲幾何構造が入った $\mathbb{R}^2$（2 次元双曲平面）」

$\times$「（1 次元）ユークリッド幾何構造が入った $\mathbb{R}$」
からつくられる幾何学によって，幾何構造が入ることがわかります．このようにつくられる幾何学が，5 つめの幾何学になります．これもサーストンにならって，$\mathbb{H}^2 \times \mathbb{E}^1$ 幾何学と呼ぶことにします（$\mathbb{H}$ は「双曲（hyperbolic）」の H）．

これでサーストンの8種類の幾何学のうち，5つがわかりました．では，残りの3つは，どのようなものなのでしょうか？

3.3 ねじれ積の幾何構造

残りの3つは何かを説明するためには，直積多様体の「仲間」を考える必要があります．

まずは，円周 S^1 と閉区間 $[0, 1]$ との直積集合から始めましょう．

これは図を見ればわかるように，いわゆる**円柱**の側面の部分になります．円柱の側面上の点は，その点の高さ t と，その高さにおける切り口の円の上での位置 z で決まります．したがって，その点は (z, t) と数の組で表されるから，確かに直積集合 $\{(z, t) | z \in S^1, t \in [0, 1]\}$ になっています．このような図形を**アニュラス**と言います（ちょっと古い日本語訳でいうと円環面となります）．

さてアニュラスは，簡単に言えば，帯のようなものです．細長いリボン状の紙を用意してください．その両端を貼り合わせればアニュラスができます．

では，ここで一回，ひねって貼り合わせたら？　そうです．第1章48ページでも出てきた**メビウスの帯**ができます．

3.3 ねじれ積の幾何構造

これもアニュラスのように，円周 S^1 の各点に，閉区間 $[0,1]$ がついているように見えます．しかし実は，直積多様体にはなっていないのです．例えば，アニュラスの場合のように，たて方向の $[0,1]$ を"高さ"だと思うことができません．つまり，各"高さ"における切り口の円というのが取れないのです．

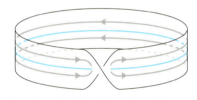

図において，青い線が水平線（高さ0）だと思います．水平線上のある一点を決めて，そこから「下」に3cmいったところを始点と決めて，右方向に線を引いていってみます．図では，中央手前の「ねじれ」の少し左からスタートしたと思ってください．そうすると...「ねじれ」を通って，「上側」に出てしまって，そのまま，たどると... 元の決めた点の「上」を通ることになります！これはつまり，例えば「高さ3cmの切り口の円」というものは取れなくて，全体としての「高さ」がうまく決まらない，ということを意味しています．つまり，メビウスの帯は直積多様体にはならないのです．

このように，直積多様体に似ているけれど，全体としてはねじ

れていて，「同じ高さの切り口」が取れない多様体を，本書では
ねじれ積（twisted product）ということにします．

　ねじれ積を表す記号ですが，ここでは $S^1 \tilde{\times} [0, 1]$ のように書
くことにします．この本では，$\tilde{\times}$ の前に書くのが「よこ方向」の
多様体，後に書くのが「たて方向」の多様体（これを**ファイバー**
と言います）としておきます．

　ねじれ積のことを，もう少し専門的な用語でいうと，**ファイバー
束**と言います．メビウスの帯の例では，S^1 の各点に閉区間 $[0, 1]$
がついていたのですが，この閉区間のイメージがファイバー（繊
維）というわけです．

　とにかく（2次元多様体）×（1次元多様体）の直積多様体のよ
うに，**ねじれ積**（2次元多様体）$\tilde{\times}$（1次元多様体）として3次元
多様体が作られます．

　さらに，メビウスの帯では，「よこ方向」（S^1 方向）にぐるっと
周ってくると，「たて方向」がねじれて戻ってきました．メビウ
スの帯では，たて方向が閉区間なので戻ってこられませんが，も
しそちらも S^1 であれば，その方向に進んだ時に「ねじれる」こ
とも考えられます．つまり，（1次元多様体）$\tilde{\times}$（2次元多様体）
というねじれ積も作ることができるのです．ねじれ積では，「よ
こ方向」と「たて方向」のどちらにねじれるかによって，実は2
種類のものが作られるのです．

　これらの多様体については，想像するのが難しいのですが，次
の節でもう少し説明します．

　さて，ここまでで出て来た「積でできる3次元多様体」をまと

めてみましょう．よこ方向／たて方向で考えられるのは，閉2次元多様体（閉曲面）と閉1次元多様体（円周 S^1）です．ここで，ねじれない場合（つまり直積多様体）か，ねじれる場合か，があって，ねじれる場合は，ねじれる方向によって2種類あることになります．結局，次のような表ができることになります．

	球面 S^2	トーラス T^2	一般の曲面 F
直積	$S^2 \times S^1$	$T^2 \times S^1$ 実は T^3	$F \times S^1$
ねじれ積[7] （2次元$\widetilde{\times}$1次元）	$S^2 \widetilde{\times} S^1$ レンズ空間など	$T^2 \widetilde{\times} S^1$	$F \widetilde{\times} S^1$
ねじれ積[8] （1次元$\widetilde{\times}$2次元）	$S^1 \widetilde{\times} S^2$ 実は $S^2 \times S^1$	$S^1 \widetilde{\times} T^2$	$S^1 \widetilde{\times} F$ 実は…

----

[7] 曲面の各点に円が付いている，円が束になっているイメージ，で「曲面上の円周束」と言います．

[8] 円の各点に曲面が付いている，曲面が束になっているイメージ，で「円周上の曲面束」と言います．

3.4 8つの幾何学

前の表には，9つの多様体が現れてきています．それらが許容することのできる幾何構造を説明していきましょう．ちょっと長くて大変だし，ちょっと難しいかもしれませんが，丁寧に見ていくことにします．

まず一番上の段の3つは直積多様体です．これらについてはもう説明しました．幾何構造としては，$\mathbb{S}^2 \times \mathbb{E}^1$ 幾何構造，ユークリッド幾何構造，そして，$\mathbb{H}^2 \times \mathbb{E}^1$ 幾何構造が入ります．

次に上から2段目に移りましょう．

左端の多様体 $S^2 \tilde{\times} S^1$ は，実は...球面幾何構造が入るのです！これは随分，不思議な感じがすると思います．ねじれ積なのに，定曲率幾何学の構造が入るなんて．これはもともと，3次元球面 S^3 が，実はそのようなねじれ積として表されることによります．1931年，ドイツの数学者 H. ホップ（Heinz Hopf）によって発見されたことにより，このような3次元球面 S^3 のねじれ積としての表し方を「**ホップ・ファイブレーション**」と言います．これ以上，詳しくは，残念ながらここでは説明しきれませんので，ホップ・ファイブレーションの様子を表した図だけ載せておきます．

上から2段目中央の多様体 $T^2 \tilde{\times} S^1$ は，実際，ねじれ積で表される幾何学によって，幾何化されます．その幾何学の「よこ方向（底空間）」は，2次元ユークリッド幾何構造が入った2次元平面 $\mathbb{R}^2$ です．これを $\mathbb{E}^2$ で表しましょう．「たて方向（ファイバー）」は，1次元ユークリッド幾何構造が入った数直線です．これを前節と同様に $\mathbb{E}^1$ で表しましょう．すると，$T^2 \tilde{\times} S^1$ に入る幾何構造は，$\mathbb{E}^2 \tilde{\times} \mathbb{E}^1$ と表される幾何学を元にするものとなります．

「たて方向」にも「よこ方向」にも，どちらもユークリッド幾何構造が入っているのに，よこ方向に進んで周ってくると，メビウスの帯のようにファイバーがねじれて戻って来てしまうので，定曲率幾何構造は入らないのです．

実はこの幾何学の空間は，（下のような）特殊な行列の集合から得られる空間と同じであることをサーストンは指摘しています．その空間は**ハイゼンベルグ群**と呼ばれる群から得られるもので，その群が冪零（**nilpotent**）と呼ばれる性質を持つ典型的な群であることから，この幾何学を **Nil 幾何学**と呼ぶことがあります．

$$\begin{pmatrix} 1 & x & y \\ 0 & 1 & z \\ 0 & 0 & 1 \end{pmatrix}$$

行列（matrix）については，高校で習った人も習っていない人もいると思います．これは年代にもよりますし，文系選択だったか理系選択だったかにもよるかもしれません．ちなみに，現行の指導要領には入ってないので，（残念ながら）今の高校生は知らないと思います．興味があったらぜひ，自分で調べてみてください．

114 | 第3章　サーストンの幾何化予想

　上から2段目右の多様体 $F \widetilde{\times} S^1$ についても，ほぼ同様です（この場合，F は種数が2以上の閉曲面です）．

　実際，ねじれ積 $\mathbb{H}^2 \widetilde{\times} \mathbb{E}^1$ で表される幾何学を考えると，$F \widetilde{\times} S^1$ には，この幾何学を元にした幾何構造が入ります．ここで，「よこ方向」は2次元双曲幾何構造が入った双曲平面 $\mathbb{H}^2$ で，「たて方向」は1次元ユークリッド幾何構造が入った数直線 $\mathbb{E}^1$ です．したがって，よこ／たてが区別できるので，この幾何構造は定曲率ではないものになります．

　前の Nil 幾何学と同様に，$\mathbb{H}^2 \widetilde{\times} \mathbb{E}^1$ で表される幾何学も，特殊な行列の集合から作られることが知られています．（行列について，あまり触れるつもりはないのですが，）もうちょっとだけ詳しく書いておくと，いわゆる2行2列の実特殊線形行列（2行2列で成分が実数で行列式が1になる行列）全体からなる群 $SL(2, \mathbb{R})$ が基になります．（SL は Special Linear の略）

$$SL(2, \mathbb{R}) = \left\{ \begin{pmatrix} a & b \\ c & d \end{pmatrix} \ \middle| \ ad - bc = 1, a, b, c, d \in \mathbb{R} \right\}$$

　実はこの群が3次元多様体になるのですが，そのままだと**単連結**ではないので，本章106ページの「幾何構造のもととなる幾何学」についての条件1を満たすために，その被覆空間で単連結なものを考えることにします．これを $\widetilde{SL(2, \mathbb{R})}$ と書きます．

　このことから，$\mathbb{H}^2 \widetilde{\times} \mathbb{E}^1$ で表される幾何学を，$\widetilde{SL(2, \mathbb{R})}$ **幾何学** と呼ぶこともあります．

　これまで見たような，「曲面上の円周束」，つまり，ねじれ積（2次元多様体）$\widetilde{\times}$（1次元多様体）として得られる多様体は，実は

サーストン以前に非常に深く研究されて来たものでした.

もっとより広く「円周 S^1 の束として表される3次元多様体」は,最初に研究し分類を与えたドイツの数学者 H. ザイフェルトにちなんで, **ザイフェルトファイバー空間**, もしくは, **ザイフェルト多様体**と呼ばれています.

実は, これまで見てきた6つの幾何構造が入る多様体は, すべてザイフェルト多様体であり, 逆に, 全てのザイフェルト多様体には, このような幾何構造が入ることがわかっています.

H. ザイフェルト

実際, ザイフェルト多様体は, その「束としての表し方」ですべて完全に分類できることを, H. ザイフェルトは彼の学位論文で (25歳のとき, 1932年に) 証明したのです.

ザイフェルトは, 初期の低次元トポロジーにおいて, 多くの重要な定理を残しています. 例えば, 図のような結び目が張る膜のことは, 彼にちなんで「ザイフェルト曲面」と呼ばれています.

さて本章111ページの表の上から3段目に入りましょう. ねじ

れ積（1次元×̃2次元）でできる多様体たちです．円周の各点に曲面が束になってついているイメージ，で「円周上の**曲面束**」と言うのでした．気になるのは，実際，（1次元多様体 S^1）×̃（2次元多様体）というねじれ積でできる3次元多様体とはどんなものか，です．

メビウスの帯のことを思い出しながら考えると，今度は，「たて方向（S^1の方向）」にぐるっと周ってくると，「よこ方向（閉曲面の方向）」にねじれる，ことになります．

2.3節でも見たように，円周 S^1 は閉区間 $[0,1]$ の両端点を貼り合わせて作られます．したがって $S^1 \tilde{\times} F$ という多様体は，

> $[0,1] \times F$ という多様体の「上面」と「下面」を，ねじって貼り合わせてできる多様体

だとみなすことができるわけです．下の図を参考に想像してみてください．

貼り合わせる　　　貼り合わせる　　　貼り合わせる

ここで「ねじって貼る」というのは，次のような感じです．

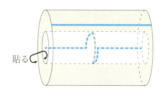

貼る

図は $[0,1] \times$ (閉曲面 F) の一部を書いています．その「おもて」にある（まっすぐな）青い線と，「おく」にある（ねじれた）青い線が重なるように，「ねじって」貼り合わせるわけです[9]．もちろん，通常の3次元空間内では実現できませんが...

ここまで準備して，ようやく本章111ページの表の上から3段目に出てくる多様体の幾何構造が説明できます．

まず，左端の $S^1 \tilde{\times} S^2$ です．ちょっと下の図をみてください．もし図のように，右側に「ふた」がついていたとします．そうすると実は，ねじって貼り合わせを行っても，連続変形して元に戻せてしまうことがわかりますか？ 内側の曲面の部分を連続変形で「回して」しまえばよいわけで，結局，ねじらない場合と同じになってしまうのです．

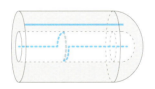

このように考えると，結局，$[0,1] \times S^2$ をどのように「ねじって」貼っても，結局，ねじらない場合，つまり直積の場合と，できる多様体は同じ（同相）になってしまうことがわかります．したがって実は，この場合は，新しい種類の多様体は得られないことになるのです．ちょっと面白くないですが，仕方ないので次に行きましょう．

---

[9] このような貼り合わせのことを，最初に研究したドイツの数学者 M. デーンにちなんで，**デーン・ツイスト**と呼んでいます．デーンは1938年の論文で，どんな閉曲面の貼り合わせも，このように「ねじって貼る」ことの繰り返しでできる，ことを証明したのでした．

118 | 第3章 サーストンの幾何化予想

次は3段目中央の $S^1 \tilde{\times} T^2$ で得られる多様体です．つまり，$[0, 1] \times T^2$ という多様体の「上面」と「下面」を，ねじって貼り合わせてできるものです．

この場合は，実はいくつか可能性があるのです．

例えば，本章91ページで見たように，次の図のような特殊な貼り合わせの場合には，できる多様体の被覆空間として，3次元トーラス T^3 が得られます．

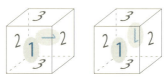

この場合には，つまり3次元ユークリッド幾何構造が入る多様体ができるわけです．

また別の特殊な場合には，できる多様体がねじれ積 $T^2 \tilde{\times} S^1$ になってしまうこともあります．これは，そもそも $[0, 1] \times T^2$ が，立方体の貼り合わせから得られていることによります．つまり，立方体の「たて」と「よこ」を取り替えて見ることができる場合があるからです．この場合には，本章113ページで説明した Nil 幾何構造が入る多様体ができることになります．

さてしかし，より一般の場合にはどうなるのでしょう？　実は上で見た以外の場合には，ねじれ積 $\mathbb{E}^1 \tilde{\times} \mathbb{E}^2$ で表される幾何学を基にした幾何構造が入ります．

この場合もこれまでと同様に，サーストンは，この幾何学とある特殊な群（**可解群**（Solvable group））との対応がつくことを指摘しています．残念ながら，ここではこれ以上の説明ができま

せんが，このことから，$\mathbb{E}^1 \tilde{\times} \mathbb{E}^2$ で表される幾何学を，**Solv 幾何学**（もしくは，Sol 幾何学）と呼ぶこともあります．

全くの余談ですが，この群の可解性というのは，もともと，群の概念を導入した E. ガロア（1811-1832）による，方程式の可解性の研究から来ています．こんなところで出てくるのは，ちょっと不思議な感じです．

最後に，3段目右端，$S^1 \tilde{\times} F$ で得られる多様体を考えましょう．ここでの F は，種数が2以上の閉曲面を表しています．

まず，F がトーラスの場合と同様に，ある特殊な貼り合わせの場合には，できる多様体の被覆空間として，直積多様体 $F \times S^1$ が得られてしまいます．この場合には，つまり $\mathbb{H}^2 \times \mathbb{E}^1$ で表される直積幾何構造が入る多様体ができるわけです．

また別の特殊な場合には，実は次の節で説明する分解（トーラス分解）によって，より簡単な多様体に分解できる多様体が得られることがわかります．これはまた後で見て行きましょう．

そしてより一般の場合には...　実は，**双曲幾何構造**が入るのです！　これがサーストンの「怪物定理」と呼ばれる定理の一部（曲面束の場合）になります．（残りの場合は，3.5.2 節で説明します）

これはある意味で,非常にびっくりすることです．本章 98 ページで双曲幾何構造が入る3次元多様体を説明しましたが，正直，よくわからなかったと思います．「ずいぶん特殊かな」くらいではなかったでしょうか．非ユークリッド幾何学だし...

120 | 第3章 サーストンの幾何化予想

それなのに，ここで言っていることは，

> 一般的な曲面束（曲面の種数が2以上，貼り合わせが
> 一般の場合）には双曲幾何構造が入る．

というようなことなわけです．

さらに驚くべきことに，サーストンは，その他の3次元多様体にも，一般的な場合，双曲幾何構造が入ることを証明してしまいます．それが後で述べる「サーストンの怪物定理」なのです．

実質的ファイバリング予想

サーストンは，幾何化予想を述べた1982年の論文の最後を，24個の未解決問題で締めくくっています．これらこそが，その後，最近に至るまでのおよそ30年間，低次元トポロジー，そして関連する分野を牽引して来た原動力と言っても過言ではないと思います．その1番目のものが，幾何化予想でした．現在，まだ未解決のものもわずかにありますが，ほぼすべて解決されています．

さて，その24個の中でも，特に難しい，というよりも，多くの研究者にとって「疑わしい」とさえ言えるものが「問題18」でした．

それは現在，「実質的ファイバリング予想（Virtual Fibering Conjecture）」などと呼ばれている，次のようなものです．

3.4 8つの幾何学 | 121

実質的ファイバリング予想（サーストン，1982）

Does every hyperbolic 3-manifold have a finite-sheeted cover which fibers over the circle?

「すべての双曲3次元多様体は，円周上の曲面束を（有限次）被覆空間として持つか？」

この予想は，サーストン自身，

This dubious-sounding question seems to have a definite chance for a positive answer.

「この怪しげに聞こえる問題には，肯定的な答えが得られる確かなチャンスがあるようです.」

と述べているように，とてもすぐには信じがたいものでした.

I. エイゴル

この「実質的ファイバリング予想」は，2002-2003 年のペレルマンによる幾何化予想の解決のあとまで未解決で，残された最後の大問題とされていました.

これを 2012 年に肯定的に解決したのが，アメリカの数学者 I. エイゴル（Ian Agol）です. 彼は，2017 年現在 47 歳，カリフォルニア大学バークレー校の教授です. この解決が，もう少し

早かったらフィールズ賞を受賞していたかもしれない，と個人的には思っています．実際，2004年に，これも有名な未解決問題だったサーストンの問題9「マーデン予想」を解決していましたし．

これらの結果を受けて，エイゴルは，2016年度に「数学ブレイクスルー賞」を受賞しました．この賞は，Googleの共同創業者セルゲイ・ブリンや，「Facebook」を開設し現CEOのマーク・ザッカーバーグらにより創設されたものです．生命科学，基礎物理学，数学の各分野で，世界トップの科学者を表彰しますが，なんと賞金は1人300万ドル！です．（現在の科学界で，個人としては最高賞金だそうです．）なお，エイゴルは，この賞金の一部を，開発途上国の若手数学者（ポストドクター）支援基金創設のため，国際数学連合（International Mathematical Union，通称IMU）に寄付したとのことです．

3.5 幾何化予想とは

まず，もう一回，幾何化予想を思い出してみましょう[10]．

> 「予想. 任意の閉3次元多様体は，幾何構造を持つピース（部分）への標準的な分解を持つだろう.」

前節までで，3次元多様体の8種類の幾何構造について説明を終えました（お疲れ様でした）．

さてこの節では，残りの用語の説明をして，（ようやく）幾何化予想の説明を終えたいと思います．

具体的に残っているのは，「標準的な分解」についての説明です．さらに，この「標準的な分解」については，2つのステップ，「連結和分解」と「JSJ分解」，というものがあるので，それぞれ説明していくことにします．

3.5.1 標準的な分解とは

前節では，幾何構造を持つ様々な3次元多様体を紹介しました．しかし，残念ながら，それらの幾何構造のどれも入れられないものもあるのです．そこで，そのような多様体を，より単純な部分

---

10) 実際，サーストンが論文で述べているのは，第2章61〜62ページにも書いたように閉3次元多様体よりも広いクラスについてなのですが，ここでは簡単のため，閉3次元多様体についてのみ説明していきます．

に分解することを考えます.

　実際には, これから紹介する3次元多様体の「連結和分解」と「JSJ分解」は, サーストン以前に導入され研究されていたものでした. サーストンが予想し, そしてペレルマンが証明したのは, 「これらの分解をできる限りした後の「残り」(これをピースと呼んでいるわけです)には, 実は全て幾何構造を入れられる」ということなのです.

連結和分解

　3次元多様体をより単純な部分に「分解」して考えようということは, かなり前から考えられていたようです. 実際, ここで紹介する「連結和分解」については, 1928年に, ドイツの数学者H.クネーザーが, 後で述べる定理を発表しています.

　さて, その分解を説明するのに, まずは簡単に2次元多様体, つまり閉曲面で様子を見てみましょう.

　図のように, 種数2の閉曲面は, 種数1の閉曲面(つまり, トーラス)に分解されます. この逆の操作(右から左)を考えます.

　まずトーラスを2つ用意します. それぞれのトーラスに「穴を開け」ます. もうちょっと正確にいうと, それぞれから開円板を取り除きます. 開けた穴のふち(取り除いた円板の境界)は, それぞれ円周 S^1 になっています. この2つの円周 S^1 たちを貼り合

わせます．すると，種数2の曲面ができます．この操作を**連結和**というのです．

このようにして，すべての（向き付け可能な）閉曲面が，有限個のトーラスから連結和という操作を繰り返して得られることがわかります．

では，3次元多様体ではどうでしょうか？

連結和という操作は，同じようにして考えられます．ちょっと次元が上がるので，見えにくくはなりますが...

まず2つの3次元多様体MとM'を用意します．それぞれMとM'に「穴を開け」ます．正確にいうと，それぞれから開球体BとB'を取り除きます．開けた穴のふち（取り除いた球体の境界）は，それぞれ2次元球面S^2になっています．この2つの球面S^2たちを貼り合わせます．すると，とりあえず，何か新しい3次元多様体ができます．この得られた多様体を**連結和で得られた多様体**，というわけです．

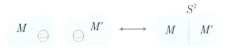

今度は，この逆の操作，3次元多様体を分解する操作を考えてみましょう（図の右から左の操作です）．

ある3次元多様体Mの中に（埋め込まれた）球面Sが見つかったとします．もし，この球面Sで，その多様体Mを「切り開く」とき，つまり，$M-S$を考えたとき，それが2つの部分（ピース）になったとします．このままでは，それぞれの部分は「穴が空い

た」状態なので,その穴を閉球体 B で「埋める」ことにします.こうして得られた 2 つの閉 3 次元多様体を,M から連結和分解で得られた多様体というわけです.

ここで,少しだけ気にしないといけないことがあります.3 次元多様体を球面 S^2 で切り開いたとき,その片方が球体 B^3 になってしまうことがあるかもしれません.

これが何を言っているかを説明するには,やっぱりまずは 2 次元の例から見るとわかりやすいです.

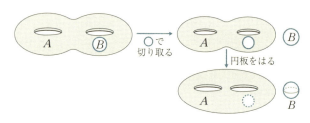

図で,左側の青い線が,分解する(切り開く)ためのループです.この線で切り開くと,元の種数 2 の閉曲面 F が,A と B の 2 つの部分に分かれます.このうち,B が円板になっていることに注意してください.切り開いた(というか,円板 B を閉曲面 F から切り取った)残りの曲面 A は,ふち(境界)の円があるので,そこに「ふた」をします.つまり,(また)円板をはめ込みます.すると,再び種数 2 の閉曲面に戻ってしまいます.切り取られた B の方を見てみると,こちらも「ふち」(円周)があるので,そこに円板の境界を貼り付けると,こちらは 2 次元球面 S^2 が得られます.そして,この操作は**無限**にいくらでも続けられるのです.

このように，何回でも同じ操作ができるというのは，「より単純なものに分解したい」という当初の目標からはずれてしまっています...

何が問題だったのでしょうか．それは，切り開くためのループ S が，閉曲面 F 上で円板の境界になっていたことです．そうでないようなループを選ぶべきだったわけです．

3次元多様体の場合も同様です．つまり，連結和分解といった場合には，切り開く球面として，

その多様体内で閉球体の境界になっていないものを選ぶ

という条件をつけておく必要があるのです．そうしないと，いくらでも同じ操作を続けることができてしまいます．このような（閉球体の境界になっていないような）球面を**本質的球面**と呼ぶことにします．

逆に，この条件をつけておくと，分解した後の2つの多様体は，確かに元の多様体よりも「単純な」ものになっていることがわかります．そして，この操作はたかだか有限回しか続けられない，ということが証明できるのです．これが，前に述べた H. **クネーザー**の定理です．

じゃあ，有限回，続けた後にはどうなるか，というと，切り開くべき球面，つまり，閉球体の境界となっていない球面，を「含まない」3次元多様体たちが得られています．

そのような3次元多様体を，これ以上，分解できない，という意味で，**素 (prime)** な3次元多様体と言います．つまり自然数でいう「素数」のイメージです．（このことから，3次元多様体の

128 | 第3章　サーストンの幾何化予想

連結和分解を「素分解」というときもあります）

　さらにいうと，この連結和分解を繰り返したとき，最後に得られる素な多様体たちは，ちゃんと確定されるということも知られています．ちょうど，自然数を素数に分解するときは，その素因数が正しく定まることに似ています．2通りの表し方，なんてのはないわけです．

　そういう意味で，連結和分解は「標準的」といって良いものだと考えられるのです（連結和分解の一意性は，1962年にアメリカの数学者 J. ミルナーによって証明されました）．

幾何化できない3次元多様体 (1)

　実は，連結和でつくられた多様体，つまり，素でない多様体（特殊な例外を除く）には，**どうやっても8つの幾何構造が入らない**，ということが知られているのです．

　きちんと説明するのは難しいのですが，だいたい次のような感じで証明されます（かなりいい加減なのですが）．

　まず M を素でない3次元多様体とします．言い換えると，M 内で閉球体の境界になっていない球面があったとします．このような球面を本質的球面と呼ぶのでした．このとき，M の被覆空間の中にも，実は本質的球面が見つかります．本章92ページの説明を思い出してください．被覆空間というのは，ものすごく大雑把に言えば，「小さい」多様体を含む（被

覆する）ような大きな多様体のことです．したがって，もし
（小さな）多様体 M の中に本質的球面があれば，その被覆空
間にもあることになるのです．

　さてでは，素でない M には幾何構造が入らない，という
ことを背理法で証明してみます．背理法の仮定として，M
が幾何化可能，つまり，8 つの幾何構造のどれかが入ったと
します．すると M は，8 つの幾何学のどれかを被覆空間と
して持つことになります．しかし，前節までで説明して来た
ように，どの 8 つの幾何学も，その空間は非常に単純なもの
で，本質的球面を含むことはありません．

　これは，上に述べたことと矛盾します．したがって，背理
法より，M には幾何構造が入らないことがわかりました．

JSJ 分解

　サーストン以前の 3 次元多様体の研究の中でも，最も重要な結
果の一つが，本節で述べる「JSJ 分解」だと思います（または，トー
ラス分解ともいいます）．

　歴史的なことは後に回すとして，結果だけ先に紹介してしまい
ましょう．基本的には，前節で述べた連結和分解の「トーラス分
解」版だと思ってもらえれば良いと思います．

130 | 第3章 サーストンの幾何化予想

> **トーラス分解定理**
>
> 素な閉3次元多様体 M が**本質的トーラス**を含むとき，互いに交わらず平行でない有限枚の本質的トーラスで，M を切り開いて，ザイフェルト多様体と**本質的トーラスを含まない部分**に分解できる．しかも，このようなトーラスによる分解は一通りである．

　これは連結和分解と同じように，3次元多様体をより「単純な」部分に分解するための定理です．見てもらえばわかるように，2次元球面で切り開いていく連結和分解に対して，JSJ分解では**トーラス**で切り開いていくのです．

　この定理は，アメリカの数学者 W. ジェイコ（W.Jaco）と P. シャーレン（P.Shalen）の共同研究，及び，独立に研究を進めたドイツの数学者 K. ヨハンソン（K.Johannson）によるものです．この3人の数学者の頭文字をとって，**JSJ分解**と呼ばれます（正確には，ジェイコとシャーレンは共同研究者なので，JS-J分解と書く人もいます）．

　詳しい経緯は筆者は知らないのですが，ほぼ同時（1979年ごろ）に証明され，論文が出版されたそうです．（理論の発展に伴って，時にはそういうこともあります．）

　さて2箇所だけ，説明をする必要がありますね．「本質的トーラス」という言葉と，下線を引いた「分解」というところです（実は，連結和分解とは，ここも違うのです）．

3.5 幾何化予想とは

まず「**本質的トーラス**」についてです．連結和分解でも，分解する球面について，「閉球体の境界になっていない」という条件をつけていました．これは「より単純な部分に分解する」ために必要な仮定でした．トーラスによる分解でも同じなのです．

例えば，3次元多様体内にトーラスがあったとき，図のような円板が見つかったとします．

圧縮円板

このとき，この円板に沿って，トーラスを「つぶす」と球面ができます．もし元の多様体が素であれば，この2次元球面は閉球体の境界になるので，結局，つぶす前のトーラスが，ある意味で自明だった（連続変形でつぶせる）ことがわかります（ちょっと乱暴な議論ですが，おおよそこんな感じだということで許してください）．

実際，このようなトーラスで切り開いても，「より単純な部分に分解する」ことができないので，本来の目的に反します．そこで「このような円板がない」ことを条件としてつけるわけです．これが「本質的トーラス」のおおよその意味です．（本当はもう少し条件をつける必要があるのですが，これ以上は省略させてください．）

より一般に，上の図のような円板を**圧縮円板**（compressing disk）と呼び，3次元多様体内の（トーラスとは限らない）閉曲

面で，圧縮円板を持たないようなものを，**圧縮不可能曲面**（incompressible surface）と呼ぶのです．

次に「**分解**」という言葉について説明します．

連結和分解では，3次元多様体 M を球面 S で「切り開いて」，得られた2つの部分（ピース）の「穴が空いた」ところを，閉球体 B で「埋め」て2つの閉3次元多様体を得ました．

しかし，実は JSJ 分解では，空いた穴を「埋めない」ことにするのです．つまり，見つかった本質的トーラスたちで，多様体を切り開いたあと，そのまま，「ふち」付きのままで置いておきます．

と言っても，言葉ではわかりにくいので例をあげましょう．

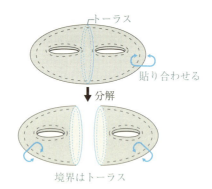

図の上の多様体は，本章107ページで見た $F \times S^1$ です．$F \times S^1$ は，図のように，$F \times [0, 1]$ を考えて，その「おもて」と「うら」を貼り合わせて作れました．ここで，曲面 F は種数2の閉曲面ですが，その F 上の中央の曲線（青い線）を考えます．

この線を C とすると，$F \times [0, 1]$ の中で，$C \times [0, 1]$ はアニュラスになっています．そして，$F \times S^1$ の中では，そのアニュラスの

3.5 幾何化予想とは | 133

2つの「ふち」が貼り合わされて（青い）トーラスができています.

このトーラスは，ここでは省略しますが，確かに圧縮不可能であることが示せるので，ここで $F \times [0, 1]$ を切り開くことにします. すると，図の下のように，何か2つの物体ができます. それぞれ「ふち」が残っていて，それらはともにトーラスになっています. わかるでしょうか.

この「ふち」付きの物体を，**境界付き3次元多様体**と呼びます. また，そのふちの部分を，その「境界」（boundary）と呼びます. 正確に言えば，1.3節で説明した意味では，これは「多様体」とは呼べません. その境界上の点は，いくら小さな近傍をとっても3次元空間 $\mathbb{R}^3$ のある点の近傍と同相にはならないからです. しかし，それ以外の点については，確かに条件を満たす近傍が取れるので，普通の意味での多様体になっています.

結局，JSJ分解とは，閉3次元多様体が本質的トーラスを含むとき，それらで切り開いて，境界付き3次元多様体を作る操作なのです. これによって，3次元多様体は，もしそれが本質的トーラスを含めば，より「単純な」境界付き3次元多様体たちに分解されます.

ここで，境界付き多様体に対しても，実は，直積多様体やねじれ積である多様体が，閉多様体と同様に考えられます. またさらに，「円周 S^1 の束として表される」**ザイフェルト多様体**も同じように考えられます. 例えば，次の図の結び目の外側の空間は，境界付きザイフェルト多様体になることが知られています（「結び目の外側の空間」について詳しいことは次節でもう少し説明します）.

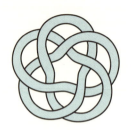

　これらを踏まえて，トーラス分解定理とは，JSJ 分解によってできた境界付き3次元多様体が，ザイフェルト多様体か，もしくは，本質的トーラスを含まない多様体になるというものなのです．（なかなかすごい定理だと思いませんか．）

　さて，ザイフェルト多様体は，本章115ページで触れたように，実は，直積幾何構造かねじれ積の幾何構造の6種類のどれかの幾何構造が入ります．これは境界付きにしても同様になることが知られています．

　では，本質的トーラスを含まない多様体というのは，実際，どのような多様体になるのでしょうか？　それにはどんな幾何構造が入るのでしょうか？

　この問題こそがサーストンが一部を証明し，そして幾何化予想と呼ばれることになった問題なのです．

幾何化できない 3 次元多様体 (2)

一方で，本質的トーラスを含む多様体の中には，幾何化できない，つまり，8 つの幾何構造のどれも入らないというものがあることが知られています．例えば，境界付きのザイフェルト多様体を，その境界のトーラスで貼り合わせてできる多様体などです．

すごく大雑把に言えば，次のような感じです．2 つのねじれ積であるザイフェルト多様体が，境界のトーラスに沿って貼り合わされるとします．このとき，もしそれぞれの「積」の方向が「ずれて」しまっていたとすると，一つの幾何学の空間を被覆空間とすることができない場合がおこるのです（すみませんが，詳しいことは省略します）．

3.5.2 サーストンの幾何化予想と怪物定理

JSJ 分解によってできる多様体は，境界付きのもので，しかもその境界はトーラスなのでした．それはどんなもの（図形）なのでしょうか．まずはそれを説明していきます．

なじみやすい例をあげてみます．例えば，図のような 3 次元空間内の「閉じたひも」（これを**結び目**（knot）と言います）を考えてみます．

136 | 第3章　サーストンの幾何化予想

　この図は有名な「**8の字結び目**」という結び目を表しています．ただし本当は，トポロジーで「結び目」と言ったときには，「太さ」のない「ひも」をいうのですが，この図では，みやすさのため「太さ」があるように描いています．

　今，この（太った）結び目は3次元空間 $\mathbb{R}^3$ 内に浮かんでいるように見えます．そこで，この太ったチューブの中身を「くり抜く」ことをしてみましょう．つまり，チューブの中を空っぽにしてしまうわけです．

　すると，その「チューブのかわ」の部分が境界になって，その「外側」の部分が境界付き多様体になるのです．なんとなくわかりましたか？　この境界も（結ばれてしまってはいますが）トーラスになっています．

　ここでちょっとだけ細工をします．もともと閉3次元多様体から始めたいので，今，この結び目が（$\mathbb{R}^3$ ではなくて）3次元球面 S^3 に入っていたと思うことにしておきます．（1.4.1節を思い出してください．3次元球面 S^3 は，2つのボールをその表面で貼り合わせたものだったので，その片方のボールに，この結び目が入っていた，と思えばいいわけです．）

　このようにしておくと，実は，この境界付き多様体から，境界を取り除いた（つまり，「皮をむいてできる」）開多様体に，**双曲幾何構造**が入るのです！！　これがサーストンが証明したことです．

　実際，第2章63ページで触れたサーストンの講義ノートは，この事実の図解から始まっています（次が鍵となる図になります）．

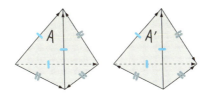

とても不思議な信じがたい気がしませんか．わかりやすい結び目の外側の空間が，非ユークリッド的である双曲幾何学で幾何化されるなんて...．サーストンが「魔術師（マジシャン）」などと呼ばれるのもわかる気がします．

さらにサーストンは，このような結び目の外側の空間，さらには，より一般のJSJ分解からできる境界付き3次元多様体について，それがザイフェルト多様体でなく本質的トーラスも含まなければ，境界を取り除くと**いつでも**双曲幾何構造が入るということを証明してしまいます．とても驚くべきことですが...．

そして，これを踏まえて，次の予想を提起したわけです．

サーストンの幾何化予想

任意の閉3次元多様体は，**幾何構造**を持つピース（部分）への標準的な分解を持つだろう．

「あれ，でも上で「いつでも」って，もう言ってたから，これって証明できてるのでは？」そう思った人もいるかもしれません．しかし，実はまだ（この時点では）「予想」なのです．

というのは，上で言ったのは「JSJ分解からできる」多様体についてだけだからです．つまり，もともとの**閉**3次元多様体が「本

138 | 第3章　サーストンの幾何化予想

質的トーラスを含まない」場合については，まだ完全にはわから
なかったのです．なので，本当にサーストンが残した予想（問題）
としては，

「本質的トーラスを含まずザイフェルト多様体でもない素な閉3
次元多様体には，いつでも双曲幾何構造が入るか？」

というものなのでした．

　実際，サーストンは，上の予想が「多くの」場合について正し
いということを証明しました．その一部として，JSJ 分解からで
きるような境界付き3次元多様体についても正しい，ということ
を証明したのです．

　これが次に述べる「怪物定理」なのです．

サーストンの怪物定理

本質的トーラスを含まなくザイフェルト多様体でもない素
な閉ハーケン3次元多様体は，いつでも双曲幾何構造が入
る．

　（この定理の条件（仮定）は，もう少し正確に書かなければい
けないのですが，ここでは少し省略した形にしています．）

　ここで，**ハーケン多様体**というのは，素で，かつ，**圧縮不可能**
な曲面を含む多様体のことです（便宜的にですが $S^2 \times S^1$ は除い
ておきます）．

　例えば（JSJ 分解をするための）本質的トーラスを含む多様体
はハーケン多様体です．しかし，上の定理で考えているのは，本

3.5 幾何化予想とは 139

質的トーラスを含まないものです. 例としてあげられるのは, 本章 119 ～ 120 ページで述べた $S^1 \tilde{\times} F$ (円周上の曲面束) です. この多様体は, 説明したように, $F \times [0,1]$ から貼り合わせでできるので, 自然に F が含まれています. そして, この F は圧縮不可能になることがわかるのです.

これはある意味で特殊な場合で, より一般に, とにかく圧縮不可能曲面があればいいわけです. なので, 上の定理は, かなり広範囲の多様体を含みます.

そしてこの「怪物定理」から導かれることとして, 次のことがわかるのです.

> ハーケン多様体に関しては, 幾何化予想は正しい. つまり, 任意の閉ハーケン多様体は, 幾何構造を持つピースへの標準的な分解を持つ.

ベッチ数と圧縮不可能曲面

実際, 3 次元多様体の中でハーケン多様体はどのくらい「多い」のでしょうか? これはなかなか答えにくい問題です. 3 次元多様体は無限個あるし, その中のハーケン多様体も無限個あるわけですから... 一つよく知られていることがあります. 多様体に対して「ベッチ数 (betti number)」と呼ばれる 0 以上の整数が計算できます. これはある意味で, 閉曲面

140 | 第3章 サーストンの幾何化予想

の種数（穴の数）の一般化になっています（種数が n の閉曲面のベッチ数は $2n$ になります）．3次元多様体に対してもベッチ数を計算することができます．このとき，実はベッチ数が1以上ならば，その多様体は圧縮不可能曲面を含むことがわかるのです．

3.6 幾何化予想からわかること

ここで，幾何化予想が正しければ（証明されれば），ポアンカレ予想も正しい（証明される）ことを説明しておきましょう．

まず，幾何化予想は正しいとしましょう．

つまり，任意の閉3次元多様体は，**幾何構造を持つピース**（部分）への標準的な分解を持つことがわかったとします．

ここでポアンカレ予想とは，「閉3次元多様体が3次元球面でなければ，その基本群が自明にはならない」というものだったので，とにかく，3次元球面 S^3 ではない閉3次元多様体 M を考えることにします．

まず最初に，もしこの M が素である場合を考えます．つまり，「素な閉3次元多様体が3次元球面でなければ，その基本群が自明にはならない」ことを説明します．

もしこの M が本質的トーラスを含んでいた場合，（つまり，JSJ 分解ができる場合ですが），M の基本群は自明でないことが次のようにしてわかります．

まず，第1章55ページで見たように，トーラス上には，1点

に縮まないような**ループ**を取ることができます(次の図左).実は,トーラスが圧縮不可能ならば,そのようなループは M の中でも1点に縮まないことがわかるのです.

これは,もし縮んだとすると(下図中央),下図右のような圧縮円板が見つかりそうだということから,直感的にはわかるのではないかと思います.

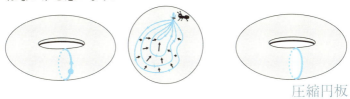

圧縮円板

実際には,ポアンカレ予想に取り組んだ有名な数学者の一人,ギリシャ出身の数学者 C. パパキリヤコプーロスによって 1957 年に証明された「**デーンの補題**」[11] を使えば証明できます(その補題を最初に提起したドイツの数学者 M. デーンの名前をとって,こう呼ばれています).

あとは,M が本質的トーラスを含んでいなかった場合を考えれば良いです.この場合,幾何化予想により,M が素であり本質的トーラスを含まないので標準的分割はされず,M 自身に 8 種類のどれかの幾何構造が入ります.すると実は,M が単連結にならないことがわかるのです.

まず,3.4 節で紹介した 8 種類の幾何学を思い出します.その

---
[11] 実は「デーンの補題」(の特別な場合)は日本の数学者 本間龍雄氏によっても同時期に証明されています.このことは,パパキリヤコプーロスの 1958 年の国際数学者会議での講演論文にも書かれています.

うち，幾何学の空間そのものが閉多様体となっているのは球面幾何構造だけでした．その空間は 3 次元球面になっています．つまり，M が 3 次元球面以外で幾何構造を許容するならば，M は，3.1 節でみたように，（球面幾何学以外の）元々の幾何学の中で多面体をとって，その「合同」な面を貼り合わせて作られていることになります．

例えば，$S^2 \times S^1$ を例にあげて説明します．（他の幾何構造をもつ多様体の場合も同様です．）$S^2 \times S^1$ という多様体は，$\mathbb{S}^2 \times \mathbb{E}^1$ という幾何学の中に，$S^2 \times [0, 1]$ を用意して，その「おもて」と「うら」を，重ねるようにして貼り合わせることで作られました．

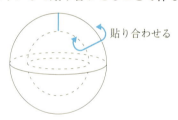

貼り合わせる

このとき，図の青い線は，端点が貼り合わされて，**ループ**になることがわかります．そしてこのループは（図で見てわかるように）どう引っ張っても 1 点に縮んで来ることができません．つまり，一点からなるループにホモトピックにならないのです．（1.6.2 節を思い出してください．）よって，単連結にはなりえません．

以上より，「3 次元球面 S^3 ではない素な閉 3 次元多様体は単連結でない」が示されたことになります．

3.6 幾何化予想からわかること

最後に，3次元多様体 M が素でない場合を考えましょう．つまり，M が2つの多様体の連結和として表されているとします．

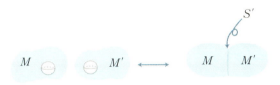

このとき，M はクネーザーの定理により，たかだか有限個の素な多様体たちに分解されます（これが連結和分解でした）．

ここで実は，これらの得られた素な多様体たちが1つでも単連結でなければ，M が単連結でないことがわかるのです．これを説明しましょう．

今，M は，いくつかの素な3次元多様体たちから開球体を取り除いた残りを，その境界である球面に沿って順に貼り合わせて得られています．

ここで，この「素な多様体」と「開球体を取り除いた残り」の関係を見ておきます．例えば，次の図で，左側が開球体，右側が「開球体を取り除いた残り」だとします．

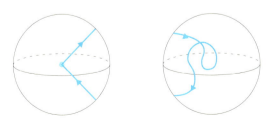

ここで，図のようなループを考えて，それをどんなに左の方に

引っ張っても，どこかで「ひっかかって」しまって，1点に縮めることはできないとしましょう．すると，左側は開球体で単連結だし，その境界は2次元球面で，それも単連結なので，引っかかるとすれば，右側の多様体の中だということになります．これはつまり，言い換えると，

「もとの素な3次元多様体が単連結でなければ，
開球体を取り除いた残りも単連結でない」

ことがわかったことになります．ちょっと複雑ですが，わかってもらえるでしょうか．

さてMの話に戻ります．Mの中に一つの点を取り，そこをスタートして戻って来るようなループをとります．このループが1点に引っ張ってこられるかを考えましょう．

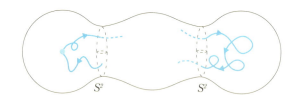

連結和分解して得られる多様体は素なので，前に示したように，それらは単連結ではありません．したがって，上でわかったことから，開球体を取り除いた残りの境界付き3次元多様体も単連結ではないことになります．

すると，単連結でない部分があるので，いくら引っ張っても途中の境界付き多様体で引っかかってしまい，1点に縮めることができないループを見つけることができます．つまり，Mが単連

結でないことがわかるのです.

以上のことから,結論として,幾何化予想が正しければ,3次元球面 S^3 ではない閉3次元多様体 M は**単連結**にならないことがわかり,ポアンカレ予想が正しいことが導かれるのです.

ポアンカレ予想と四色問題

本章138ページのハーケン多様体とは,**圧縮不可能曲面**を初めて系統的に研究したドイツ出身の数学者 W. **ハーケン**(1928-)にちなんでいます.(現在はイリノイ大学アーバナ・シャンペーン校の名誉教授です.)

1960年代に,アメリカに渡ったハーケンは,長らくポアンカレ予想の研究に没頭していましたが,やはり当時は証明できませんでした...

そこで彼は研究対象を,トポロジーから,(ポアンカレ予想と同じく)非常に有名な未解決問題だった「四色問題」に変更したのです.

ここでは「**四色問題**」について詳しい説明は省略させてください.ただ,1852年に提起されて以来,ハーケンが共同研究者の K. アッペルと1976年に証明を発表するまで,数多くの数学者がアタックしてきた難問だったことは確かです.またハーケンとアッペルによる「証明」は,コンピュータを使うものだったため,その「真偽」が非常な物議を醸しました.現在では,やはりコンピュータを使ってではありますが,その証明はチェックされ正しいことが示されています.

第4章

ペレルマンの証明

4.1 リーマン計量

4.2 曲率とリッチ曲率

4.3 ハミルトンとリッチ・フロー方程式

4.4 ハミルトンの定理と残された問題

4.5 ペレルマンが示したこと

第4章 ペレルマンの証明

1904年に提起された「ポアンカレ予想」,そしてその一般化として1982年に提起された「サーストンの幾何化予想」.その説明をこれまでしてきました.

そして,これらの予想が正しいことを一気に証明したのが,ロシアの数学者G.ペレルマン(G.Perelman)でした.

G.ペレルマン

G.ペレルマンは,1966年生まれのロシアの数学者です.彼の専門はいわゆるトポロジーではなく,微分積分学を使った手法を使う「微分幾何学」です.その中でも「**アレクサンドロフ空間**」と呼ばれる空間の研究について,非常に優れた業績をあげ,(弱冠28歳で)1994年の**ICM**で招待講演を行いました.特に20年以上も未解決だった「ソウル(本質的部分)予想」を証明した短い(わずか4ページの)論文は有名です.

ペレルマンは，2002 年から 2003 年にかけて，以下の 3 本の論文
をインターネット上の論文投稿サイト「arXiv（アーカイヴ）」[1]
に投稿しました（題名の後についているのは，arXiv での識別ラ
ベルです）.

- The entropy formula for the Ricci flow and its geometric applications. math.DG/0211159（2002）.

- Ricci flow with surgery on three-manifolds. math. DG/0303109（2003）.

- Finite extinction time for the solutions to the Ricci flow on certain three-manifolds. math.DG/0307245（2003）.

　これらの論文は，arXiv で公開されていて，誰でも自由にダウ
ンロードして読むことができます.

　この章では，その証明の背景（**R. ハミルトン**によるリッチ・
フロー方程式によるポアンカレ予想へのアプローチ）を説明した
後，ペレルマンが実際に示したことを，本当に大まかにではあり
ますが，説明していきたいと思います.

　実際，ペレルマンの 3 本の論文は世界中で何年もかけて検証さ
れ，ついに正しいと確認されました（本章 151 ページ参照）. そ
してこの業績により，ペレルマンは（「はじめに」にも書いたよ
うに）数学界最高の栄誉である**フィールズ賞**を，2006 年の**国際
数学者会議**（ICM 2006 Madrid）で受賞しました.

　　　　　　　　　　　　　　　　　　　　　

[1] 物理学・数学・計算機科学などの様々な論文が保存・公開されているインターネット上
のウェブサイトで，投稿も閲覧も共に無料です．1991 年にスタートして，現在はアメリ
カのコーネル大学図書館が運営しています.

150 | 第4章 ペレルマンの証明

　この章の内容は，ICM 2006 でのペレルマン氏の業績紹介講演と，その ICM の講演論文集に含まれている以下の論文を参考にしています．これは，カリフォルニア大学バークレー校の J.ロット（John Lott）氏によるものです．

"The Work of Grigory Perelman", Proceedings of the International Congress of Mathematicians, Madrid, August 22-30, 2006, European Math. Soc. Publishing House, Vol. I, p.66-77（2007）．

　なおペレルマンの証明は，今まで見て来たようなトポロジーでもサーストンによる幾何構造の理論でもなく，いわゆる「**微分幾何学**」の手法を使っています．ですから，この章では，どうしても微分積分を使います．高校程度の知識ですので，必要ならば参考書などを見ていただければと思います．

　また申し訳ないのですが，この章では，イメージをつかんで頂くため，なるべく簡素化して記述しています．どうかご容赦ください．より詳しい内容については，専門的な参考書を読んでいただければと思います．

ペレルマンの「論文」について

　ペレルマンの3本の論文は，投稿サイト **arXiv** には投稿されたものの，結局，現在に至るまで，正式な学術専門雑誌に掲載されることはありませんでした．

　いわゆる学術誌に掲載されるまでには，数名の匿名の査読者による査読が行われ，その価値や正当性が審査されます．

その結果, 掲載論文は「正しい」ものとして認められるわけ
です. しかし, ペレルマンの論文は, そのような手続きを経
ていないため, いわゆる「**プレプリント**」(発表前論文) と
同じ扱いになります. そして一般には, そのような原稿は正
式な「業績」とは認められないのです.

しかしながら, ペレルマンの論文は, その内容の重要性か
ら, 多くの数学者によるチェックがなされ, いわば公然と「査
読」が行われました. そして, 少なくとも3つのグループに
よる解説論文および解説本が, 正式に出版されました. この
ことから, ペレルマン氏の「業績」は正式に認められ, **フィー
ルズ賞**の授与につながったのだと思います.

また「ポアンカレ予想」は, 21世紀に入りアメリカの**クレ
イ数学研究所**が設定した100万ドルの懸賞金付き問題「**ミレ
ニアム問題**」にも選ばれていました.

クレイ数学研究所は, その「懸賞金」の授与について, 厳
格な規定を設けていたのですが, 結局, ペレルマン氏の「論
文」については特例として業績と認め, その100万ドルの賞
金をペレルマン氏に授与することを決定しました (2010年).
しかし, ペレルマン氏はその賞金も辞退したそうです...

4.1 リーマン計量

前で述べたように、ペレルマンの証明は、(トポロジーではなく)いわゆる「**微分幾何学**」の手法を使っています.

この「微分幾何学」で扱うのは、サーストンの「幾何構造」を、もっと広く拡張した概念である「**リーマン計量**」です. 実際,「幾何構造を入れた多様体」は,「リーマン計量を入れた多様体」の特殊な場合と見なせます. そしてリーマン計量を用いることによって,(幾何構造が入った多様体のように)「長さや角度」を計算することができます.

この節では, 4.3 節以降で説明するペレルマンの証明に向けて, 非常に簡単にではありますが, この「リーマン計量」について説明していきます.

そもそも 1 章で考えていた「多様体」とは, トポロジーで研究しているもので, ふわふわした形の決まっていないものでした. それを 2 章から 3 章では, 幾何構造を入れて, つまり, 形の決まった硬い多様体に変えて, 分類することを考えたのでした.

やわらかトーラス　　硬いトーラス

4.1 リーマン計量 | 153

この幾何構造が入った多様体というのは，「どの点の近くでも同じように」長さや角度が測れる，という「綺麗な」構造を持っています．綺麗な構造だからこそ，多様体の特徴を捉えることができたのです．ちょうど，「ぴったり合った服が，着ている人の体型をそのまま表してしまう」感じです．

しかし残念ながら，そのような「ぴったり合う」構造が入らない多様体もありました（第3章128ページと135ページ参照）．そこで，もう少し「自由に」多様体の形を決めることを考えてみたいと思います．

さて，ふわふわしたトポロジーにおける多様体を「固めて（形を決めて）」，長さや角度を測りたい，としたら，本当に必要なものはなんでしょうか？ つまり「長さや角度を測るために」は，なにが必要なのでしょうか．

ということで，(ちょっと唐突ですが) 高校の微分積分での「曲線の長さの測り方」を思い出してみましょう．

例えば，次のように媒介変数表示された曲線 ℓ の長さを考えます．

$$x = f(t), \ y = g(t) \ (a \leqq t \leqq b)$$

この曲線 ℓ の長さは，次のように計算されるのでした．

$$\int_a^b \sqrt{\left(\frac{dx}{dt}\right)^2 + \left(\frac{dy}{dt}\right)^2} \, dt$$

数学的には，このベクトル $\left(\dfrac{dx}{dt}, \dfrac{dy}{dt}\right)$ は，いわゆる曲線の「接ベクトル」を表しています．

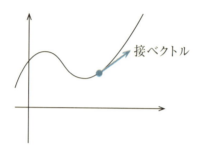

ここで，この曲線の長さの式を「物理的」に見てみましょう．直感的な理解のためには役に立つと思います．

このとき，上の $x=f(t)$, $y=g(t)$ はどうなるのか，というと，座標平面上を「動く点 (x, y)」の時刻 t での「位置」（座標）を表していると思えます．そして，$\dfrac{dx}{dt}$ と $\dfrac{dy}{dt}$ は，その x 軸方向と y 軸方向の時刻 t における「速さ」を表しているのです．

言い換えると，$\left(\dfrac{dx}{dt}, \dfrac{dy}{dt}\right)$ は，時刻 t での点の位置 $x=f(t)$, $y=g(t)$ における**速度ベクトル**，つまり，どちらの方向にどれだけの速さで動いているかを表すベクトル，となるわけです．そして速度ベクトルの「長さ」（絶対値）が，その点における「速度」を表しています．

こう見ると，前の式の（物理的な）「意味」が見えてきます．

まず前の式は，動く点の「速度」の積分だとみなせます．

$$\int_a^b |\vec{v_t}|\, dt$$

ここで，$\vec{v_t} = \left(\dfrac{dx}{dt},\ \dfrac{dy}{dt} \right)$ は時刻 t での速度ベクトルです．

　すると，これは結局，

「各点での速度を，動いている時間分，全てたし合わせると，曲線の長さ，つまり，その点の動く「道のり」になる」

ということを言っていることになります．

　つまり，（小学校で教わった）

（速さ）× （時間）　=（道のり）

を拡張して言い換えているだけなのですね．

　これを思い出して，多様体の「形」の話に戻ります．

　ふわふわした多様体上で「2点の間の距離」を決めようと思うと，例えば，その2点間を結ぶ「曲線の長さの最小値」とすれば良さそうです．そして，その曲線の長さを「計算」するには，上の微分積分の公式から，「接ベクトル（速度ベクトル）」の「長さ（絶対値）」が計算できれば良さそうです．

　そしてさらに，ベクトルの長さ（絶対値）を計算するには，何が必要だったでしょうか？　高校で習った次の式を思い出してください．

$$|\vec{v}| = \sqrt{\vec{v} \cdot \vec{v}}$$

ここで，・は，ベクトルの**内積**を表します．つまり，「ベクトルの内積」が計算できれば，速度ベクトルの長さが計算でき，そして

多様体上の距離，つまり多様体の形が決められそうです．[2]

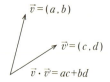

このような考え方に基づき，多様体の各点での接ベクトルに対する内積のことを，最初に導入したB.リーマンの名前にちなんで，**リーマン計量**（Riemannian metric）と言います[3]．リーマン計量こそが，多様体を「硬くする」ための「多様体の衣装（服）」といっても良いかもしれません．ちなみに「リーマン計量を入れた多様体」のことを**リーマン多様体**と言います．

B. リーマン

ベルンハルト・リーマン（Bernhard Riemann）は19世紀に活躍したドイツの数学者です．あの「リーマン予想」を提起したことでも有名です．

リーマンは，18世紀から19世紀にかけて最高の数学者と呼ばれるガウスの指導のもと，ゲッチンゲン大学で複素解析学についての博士論文を書き上げます．その後，1854年に「幾

---

[2] 実際には，接ベクトル（速度ベクトル）を考えるためには，考える多様体に「**微分可能**」という条件をつける必要があります．ただ，3次元多様体については，いつでもその条件を満たすようにすることができるということが知られています．

[3] さらに「パラコンパクト」という条件をつければ，全ての微分可能な多様体にリーマン計量を入れられるということが知られています．

何学の基礎にある仮説について」という題で大学教授就任講演を行いました．この講演の中で，初めて「多様体」の概念が導入されたのです．それは，ガウスの空間内の曲面の研究をもとに，2次元である曲面の研究を一般次元に拡張するものであると言えるでしょう．

リーマンは39歳という若さで亡くなったのですが，複素解析学の基礎の確立，数論における「リーマン予想」の提起，そして多様体の導入など，現代数学への貢献は非常に大きいと感じます．

実はサーストンの幾何構造も，リーマン計量の特別なものだと見なせるのです．実際，第2章84ページで説明したように，定曲率幾何構造というのは「各点での曲率の値が一定であるような幾何構造」という意味でした．そして，幾何化予想で出てきた8つの幾何構造は，3つは定曲率幾何学，残りの5つも定曲率幾何学の積を元にしていたのです．

次の節では，この「曲率」とリーマン計量の関係を，非常に簡単にではありますが説明することにします．

4.2 曲率とリッチ曲率

多様体にリーマン計量が入れられると，前節で説明したように，

その多様体上で「長さや角度」を測ることができます．

さらに長さや角度のような量から，「微分」することによって，実は，多様体の「曲がり具合」を計算することができます．

微分幾何学において重要となるのは，この多様体の「曲がり具合」を表す**曲率**なのです．実際，ペレルマンの証明の鍵となるのも多様体の曲率，特に，**リッチ曲率**と呼ばれる曲率です（正確には，リッチ曲率テンソルです）．

この節では，リーマン計量が入った多様体（リーマン多様体）の「曲がり具合（曲率）」について説明します．

4.2.1　平面曲線の曲率

まずは，一番簡単な1次元の場合です．本章153ページの例を元に考えてみます．早速ですが，曲線の「曲がり具合」は，どうやって計算すればいいでしょう？

「動く点の軌跡」として曲線を捉えてみると，直感的にわかりやすいです．例えば，自動車に乗っていて「あ，曲がってるな」とわかるのは，どういうときでしょう．簡単には，窓の外の風景が変わっていくのが見えた時ですよね．

それはつまり，視線の変化があった時であり，「動く点の軌跡」としての曲線に対しては「接ベクトル」が変化したときなわけで

4.2 曲率とリッチ曲率

す．したがって，時刻 t における接ベクトル $\vec{v}_t$ を微分すれば，曲がり具合（曲率）が計算できそうです．

ただし，同じ曲線（軌跡）の上を動いていても，早く進んでいるときと，ゆっくり進んでいるときでは，「視線の変化（窓の外の風景の変化）」が異なって見えます．つまり，接ベクトルの大きさ（各時刻での速度）が，各点によってバラバラだと，微分したときの「曲がり具合」が，曲線に対してうまく計算できなさそうです．

そこで，曲線（軌跡）を固定して，動く点の速度を 1 として，計算することにします．（ちょっといい加減ですが）この媒介変数表示を，曲線の**弧長パラメーター表示**と言います[4]．このように，弧長パラメーター表示された曲線 $x=f(s), y=g(s)$ に対して，$\left(\dfrac{d^2x}{ds^2}, \dfrac{d^2y}{ds^2}\right)$ を曲率ベクトルと言い，その絶対値を，その曲線のその点における**曲率**と言うのです．

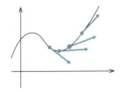

かなりラフな説明なので，より詳しく知りたい方は，曲線論について説明がある本を見ていただければと思います．

---

[4] このとき，時刻 t と，その時刻までの曲線の長さ ℓ が一致することから，こう呼ばれます．

4.2.2 曲面の曲率（ガウス曲率）

次に2次元の場合，つまり曲面の曲率の話に進みましょう．

まず3次元空間 $\mathbb{R}^3$ 内の曲面を，平面上の曲線の場合の自然な一般化としてみます．

そのためここでは，平面上の曲線を**関数のグラフ**だと思います（ちょっと前節とは異なるのですが）．つまり，平面上の曲線を「微分可能な関数 $y=f(x)$ のグラフ」とみるわけです．

これをそのまま，一つ次元を上げます．すると，3次元空間 $\mathbb{R}^3$ 内の「曲面」は，「2変数関数 $z=f(x,y)$ のグラフ」とみなせることになります．1つの例ですが，図は $z=sin(xy)$ で表される2変数関数のグラフです．

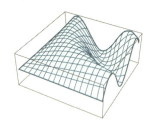

これは高校までの微分積分では習わないものではありますが，なんとか想像がつく範囲のものではないかと思います．とりあえず感覚的な理解で大丈夫です．

このとき，曲面の「曲がり具合（曲率）」をどのように「定義」すればいいでしょうか．いろいろな考え方がありそうですよね．

このような曲面論における「曲率」を最初に研究したのが，（第2章71ページから何度も出てきている）C.F. ガウスでした．以下では，彼の定義した「ガウス曲率」とは何かを説明しましょう．

4.2 曲率とリッチ曲率

まず，3次元空間内 $\mathbb{R}^3$ 内の曲面（2変数関数のグラフ）を M としましょう．この M 上の1点 x における接ベクトル $\vec{v}$ を取ってきます．そして，$\vec{v}$ を接ベクトル（速度ベクトル）とするような M 上の曲線を考えます．

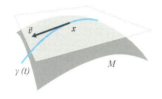

この曲線を γ と書くことにします．すると曲線 γ は，曲面 M と，x を通り M と直交する（垂直に交わる）平面との交線だと思えることに気がつきます．そうすると，曲線 γ はその平面上の曲線だとみなせるので，点 x における曲率が計算できます．

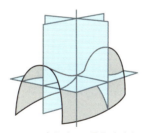

この曲率は，点 x における $\vec{v}$ 方向の「曲率」というべきものです．では「曲面 M の曲率」はどうしたらいいでしょう？

実はガウスのアイディアは，そのような各方向（正確には，長さ1の接ベクトル方向）における曲率の「最大値と最小値の積」をとる，というものでした．こうして得られる曲面の曲がり具合を表す値を**ガウス曲率**というのです．これが，これまでに出てきた K の（大まかですが）定義なのです．

これには大きな特徴があります．それは「曲率の符号」を考えることができることです．例えば，次の図を見てください．3つの曲面（の一部）が描かれています．

一番奥にあるのは，2次元球面 S^2 です．半径は1だと思ってください．このとき，球面上のどの点においても，与えられた長さ1の接ベクトルをもつ曲線は大円になります．（これは球面 S^2 上の各点において S^2 と直交する平面が，その球面の中心を通ることからわかります．）そして，それらすべての大円について，その曲率は（その平面上で）1になります（円の弧長パラメータ表示を2回微分してみればわかります）．したがって，最大値も最小値も1なので，半径1の球面 S^2 のガウス曲率は +1 になります．これで，第2章79ページの計算を改めて正当化できました．

奥から2番目に見えているのは**円柱**（の一部）です．その側面の点において，水平方向は，球面のときと同様に考えれば，その方向の曲率が +1 だとわかります．同様に計算すると（詳細は省きますが），斜め方向の曲がり具合（曲率）は，1未満の正の数値を取ることがわかります．そして（水平方向と直交する）垂直方向は，円柱の中心線を通るような平面で切ってみればわかるように，z 軸と平行な直線の曲率となって，実は0となることがわ

かります（直線は曲がっていないので，曲率は0です）．したがって，方向を変えたときの曲率の最大値は1，最小値は0となり，結局，その積は0，つまり円柱のガウス曲率は0となるのです．（ちょっと意外でしたか？）

最後に一番手前にある曲面を考えます．これは**一葉双曲面**と呼ばれる曲面です[5]．神戸のポートタワーは，実はこの曲面でできています（写真）．

この側面の真ん中あたりのくびれている部分を見てください．その部分の点を考えると，水平方向と垂直方向で，曲がり具合が「反対」になっているのがわかりますか？ 水平方向は，そのタワーの「内側」の方向に向かって曲がっているのに対して，垂直方向は，タワーの「外側」に開くように曲がっています．したがって，この場合，最も「大きく」曲がっている方向の曲率と，最も「小さく」曲がっている方向の曲率の符号は「逆」になっているのです．したがって，その積であるガウス曲率は「負」になります．なんとなく感じはつかめてもらえたでしょうか．

曲面（2次元多様体）の曲率，つまりガウス曲率，については，このくらいにしておきます．では，より高次元の多様体について

---

[5] 方程式 $\dfrac{x^2}{a^2} + \dfrac{y^2}{b^2} - \dfrac{z^2}{c^2} = 1$ で表されます．

は，どのように「曲率」を定義したら良いでしょうか．

そのためにも，ガウスが証明し，自らが「**驚異の定理**」（原著：Theorema Egregium（ラテン語），英語：remarkable theorem）と呼んだ定理（1827年出版）を紹介したいと思います．

これは簡単に言えば，埋め込まれた「外の空間」を使って定義（計算）される曲面のガウス曲率 K が，実は，次の式のように曲面上だけで計算可能であることを述べています．

$$K = \langle (\nabla_2 \nabla_1 - \nabla_1 \nabla_2) e_1, e_2 \rangle \quad (4.1)$$

ここで，$\langle , \rangle$ はリーマン計量，つまり，接ベクトルの内積を表しています．難しいですが，直感的にできるだけこの式を説明してみます．

曲面上の点 x において，2本の直交する長さ1の接ベクトル e_1 と e_2 をとります．この e_1 を，十分小さな範囲で，e_1 方向に平行移動し，そのまま e_2 方向に平行移動します．一方で，今度は e_1 を同じだけ，まず e_2 方向に平行移動し，続けて e_1 方向に平行移動します．こうして得られた2本のベクトルの差を（e_2 を使って）測った値，これが実はガウス曲率 K と一致するというのです．確かに K が曲面上だけで計算できています．

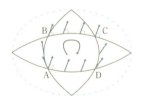

直感的にわかるように，このような操作を平面上で行えば，その値は0になるでしょう．一方で，「曲がった」曲面の上で行えば，

きっと「ずれ」が生じて，その「曲がり具合」が測れそうです.

とはいうものの，この値が，本章161ページのように，外側の空間を使って定義された曲率と一致するというのは，さすがのガウスもびっくりしたというだけのことはありますよね.

4.2.3　曲率テンソルとリッチ曲率

さて3次元（以上の）多様体については，どのように「曲率」を考えたら良いのでしょうか.

実は基本的には，(4.1) 式を一般化するだけなのです.

$$R\,(X,\,Y,\,Z,\,W)\,=\,\langle\,\nabla_X\nabla_Y Z-\nabla_Y\nabla_X Z-\nabla_{[X,\,Y]}Z,\,W\rangle$$

ここで，X，Y，Z，Wは，多様体上のある点における4本の**接ベクトル**です．また，$\nabla_Y Z$という記号の意味は，大雑把に言えば「接ベクトルZを接ベクトルYの方向に平行移動したベクトル」を表します．さらに$\nabla_{[X,\,Y]}Z$という (4.1) 式にはなかった項が出てきていますが，これは，XとYが座標系から定まるものではないための補正項です.

このRを，その多様体上の**曲率テンソル**と言います（リーマン曲率テンソルとも呼ばれます）．ここでいう「テンソル（tensor）」というのは，簡単に言えば，何本かの接ベクトルに対して実数値をとる「関数のようなもの」です．実際，Rによって，4本の接ベクトルから1つの実数が得られています.

この曲率テンソルの幾何学的な意味は，前ページの曲面の場合の説明から類推してもらえればと思います．すみませんが，これ以上，詳しくは省略させてください．ちなみに，有名な**アインシュ**

166 | 第4章 ペレルマンの証明

タインの「一般相対性理論」では，この曲率テンソルが中心的な数学的役割を果たしています．

この曲率テンソル R が一番の大元の「曲率」になります．そして，これから他のいくつかの「曲率」を考えることができるのです．ここではそのうち3つを紹介させてもらいます．

まず，**断面曲率**と呼ばれる曲率です．多様体の点において，互いに直交する長さ1の接ベクトル U と V について，

$$K = R\ (U,\ V,\ V,\ U)$$

として得られる量は「断面曲率」と呼ばれます．これは例えば，U と V を接ベクトルとして持つような多様体の中の「曲面」のガウス曲率のようなものです．前章までで出てきた「定曲率幾何学」とは，実は，この断面曲率が，どの点でも，どのような U と V でも一定，を満たすリーマン多様体からできる幾何学，という意味なのです．

次に，**リッチ曲率テンソル**と呼ばれるテンソルを紹介します．これが次節以降で最も重要になります．

$$Ric(X,\ Y)\ =\ \sum R(X,\ E_i,\ Y,\ E_i)$$

ここで，E_1，E_2，…は互いに直交する長さ1の接ベクトルです．リッチ曲率テンソルは，接ベクトル2本から実数値1つを与えます．大まかに言ってしまえば，X と Y を含む断面曲率の和（もしくは平均），のようなものです．名前はイタリアの19〜20世紀の数学者グレゴーリオ・リッチ＝クルバストロ（写真）に因んでいます．リッチ曲率テンソルの重要な点は $Ric(X,\ Y) = Ric(Y,\ X)$ が成り立つことです．この性質を満たすテンソルを「対称テ

4.2 曲率とリッチ曲率

ンソル」と言い，$Ric(X, Y)$ の重要な性質になります．

さらに，長さ1のベクトル X に対して，$Ric(X, X)$ を X 方向の**リッチ曲率**と言います．

最後に，**スカラー曲率**と呼ばれる曲率を紹介しましょう．

$$S(x) = \sum Ric(E_i, E_i)$$

ここで x はその多様体の点です．E_i は上の通りです．とうとうベクトルがなくなってしまって，多様体上の各点に実数が対応します．幾何学的な意味の説明は難しいのですが，とにかくすべての方向の断面曲率をすべてたし合わせたものという感じです．2次元の場合（曲面の場合）には，実は本質的にガウス曲率と同じになることがわかります．

実は，ペレルマンによる幾何化予想の証明の元となったアイディアは，アメリカの数学者 R. ハミルトン（写真）が考案した「リッチ・フロー方程式」というものなのです．これはリッチ曲率テンソルを使って，3次元多様体のリーマン計量を変形していこうというものでした．次節では，この方程式（実は微分方程式）とハミルトンのアイディアを説明したいと思います．

4.3 ハミルトンとリッチ・フロー方程式

まず最初に，ハミルトンの基本的なアイディアの概略を説明しておきます．それは以下のようにして，3次元多様体の分解と幾何構造を見つけようというものなのです．

1. まず3次元多様体に勝手にリーマン計量を入れる（適当に「衣装」を着せる）．
2. 「ぴったりじゃなかった」衣装（リーマン計量）を，少しずつ変形していく．変形の仕方は「だぶだぶなところ」や「きついところ」を均していく（計量を均していく）感じ．（ここでリッチ・フロー方程式を使う！）
3. 最後，（分解ができて）綺麗なぴったりとした「衣装」（幾何構造）になれば終了．

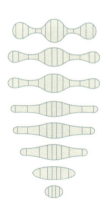

つまり，3次元多様体が任意に与えられると，そこから方程式が立てられて，それを解くと，「自動的に」3次元多様体が分解さ

4.3 ハミルトンとリッチ・フロー方程式 | 169

れ幾何化される，という，なんだかすごいアイディアなのです！

では，そのリッチ・フロー方程式について説明していきましょう．

3次元多様体 M に対して，前節で説明したような，M のリーマン計量の「列」を考えます．つまり，多様体 M の形（つまり，形を決めているリーマン計量）が時間によって変化していく，ということを考えてみます．時刻 t のリーマン計量を g_t として，そのような列を $\{g_t\}$ で表すことにします．また仮定として，この「リーマン計量の変化」は時間に対して「なめらか」，つまり微分可能であるとしておきます（詳しいことは省略しますが，要するに，M の形が「なめらか」に変わっていく，という仮定です）．

このとき，1982年にハミルトンが（ポアンカレ予想にアプローチするために）考えたのが，次の**リッチ・フロー方程式**でした．（「リッチ」はリッチ曲率のリッチ．「フロー」は解いて得られる変化するリーマン計量を，計量の「流れ」とみる見方から名付けられたと思います．）

リッチ・フロー方程式

$$\frac{dg_t}{dt} = -2\,Ric$$

ここで，左辺の g_t はリーマン計量，右辺の Ric はリッチ曲率テンソルです．前々節と前節とで見たように，リーマン計量もリッチ曲率テンソルも，接ベクトル2本に対して実数を対応させます．

170 | 第4章 ペレルマンの証明

したがって，両辺をつなぐことができます．（正確には，両辺に (X, Y) というように，接ベクトルの記号をつけるべきかもしれませんが，省略してしまいます．）

以下，本当に簡単にですが，リッチ・フロー方程式とその解の性質を説明してみましょう．

まず，この式はいわゆる「微分方程式」です．つまり，その「解」として得られるのは，時間に伴って変化するリーマン計量の列 $\{g_t\}$ になります．この得られた解を**リッチ・フロー**と言います．要するに，リッチ・フロー方程式を満たしながら変化するリーマン計量の列 $\{g_t\}$ がリッチ・フローです．

リッチ・フロー $\{g_t\}$ の様子を簡単に見てみましょう．$\{g_t\}$ が満たすリッチ・フロー方程式の左辺は，リーマン計量 g_t の時刻 t での「変化」，そして右辺は，リッチ曲率テンソル Ric を -2 倍した値でした．したがって，Ric の値が正ならば，g_t の変化が「負」になります．つまりそのとき，内積の値が減少し，したがって，ベクトルの長さが短くなり，結局，多様体のその部分が縮んでいく感じです．逆に，Ric の値が負のときは，多様体のその部分が膨らんでいく感じなのです．

こうして，リーマン計量が変化していき，最終的に幾何構造になることが期待されるのです．

アインシュタイン多様体

（後で説明する）適当に補正をしたリッチ・フロー方程式では，その解として，時刻に対して一定なリーマン計量 $\{g_t\}$

が得られた場合，実は，$kg_t = Ric$（kは定数）を満たすものになります．このようなリーマン計量は，一般相対性理論の中で出てくることもあって「アインシュタイン計量」と呼ばれています．

つまり，リッチ・フロー方程式の解で形が不変な多様体は，いわゆる「アインシュタイン多様体」と呼ばれるリーマン多様体になるのです．特に定曲率多様体（断面曲率が一定の幾何構造をもつ多様体）はアインシュタイン多様体になることが知られています．

4.4 ハミルトンの定理と残された問題

この節では，実際にハミルトンが，彼のアイディアに沿って証明したことと，残念ながら未解決で残されてしまった問題を説明していきます．（だんだん「数学っぽい」書き方になっていってしまいますが，なんとか感じだけでもつかんでもらえたらと思います．）

4.4.1 ハミルトンが示したこと（1）

ハミルトンが，1982年の論文でリッチ・フロー方程式を導入して，最初に示したのは次の定理でした．

172 | 第4章 ペレルマンの証明

> ### ハミルトンの定理1（リッチ曲率が正の場合）
> 閉3次元多様体 M が，全ての点の全ての方向に関する**リッチ曲率が正**となるリーマン計量をもつならば，M は全ての断面曲率が正のリーマン計量ももつ．つまり，M は正定曲率幾何学によって幾何化される（球面幾何構造が入る）．

この証明のアイディアは，だいたい次の通りです．

（前節で説明したように）リッチ曲率の値がどこでも正ならば，リッチ・フロー方程式の解（リッチ・フロー）によって，多様体全体が「縮んで」いき，ある時刻において「1点につぶれ」ます．（ただし実際に，多様体が（図形として）つぶれるわけではなく，リーマン計量が変わっていって，どんな接ベクトルの長さもどんどん0に近づいていってしまう，という意味です．）このとき，断面曲率 K を見てみると，全てのベクトルの長さが一斉に0に近づくことから，K も一定に近づくことがわかり，その極限として（適当に補正をすれば）定曲率幾何構造が得られる，という感じです．

この定理が1つの出発点だと思います．リッチ・フロー方程式が役に立つことがよくわかります．

その1982年の論文の中で，ハミルトンはリッチ・フロー方程式に関する基本的な重要定理も証明しています．それは，リッチ・フロー方程式の**解の存在性**です．

実際，リッチ・フロー方程式は，考えている多様体に一つリーマン計量 g_0 が与えられて初めて「解けるかどうか」が決まります．

4.4 ハミルトンの定理と残された問題 | 173

もうちょっと詳しくいうと,「解ける」というのは, その計量 g_0 を初期値(時刻0の計量)としてもつ解(リーマン計量の列)$\{g_t\}$ が存在する, ということです.

ここで単純に考えると, 解けるかどうかは, 考えている多様体にもよるし, 最初に考えるリーマン計量にもよりそうな気がします. しかし, ハミルトンは次のことを証明したのです.

> ### ハミルトンの定理2 (解の存在と一意性)
> どんな閉多様体 M 上のどんなリーマン計量 g_0 に対しても, ある実数 T が存在して, g_0 を初期値としてもつ M 上のリッチ・フロー方程式の解 $\{g_t\}$ が $0 \leqq t \leqq T$ の範囲でただ一つ存在する.

ハミルトンの証明は, **ナッシュ−モーザーの陰関数定理**を用いるかなり難しいものでした(その後に, 他の数学者によって, もう少し簡単な証明も与えられました).

ちなみにナッシュ−モーザーの陰関数定理とは, 映画にもなり, またノーベル経済学賞も受賞した有名な J. ナッシュ(写真)による定理です.

4.4.2 ハミルトンが示したこと(2)

その後, ハミルトンを中心に, リッチ・フロー方程式に関して, 様々な研究がなされていきました. その中でも, 特筆するべき結

174 | 第4章　ペレルマンの証明

果が，1999年にハミルトンによって得られています．それが次の定理です．

> ### ハミルトンの定理3（解が特異点を持たない場合）
>
> 閉3次元多様体 M 上の「正規化されたリッチ・フロー方程式」を考える．その解（リッチ・フロー）$\{g_t\}$ が **全ての正の時間で存在** して，さらに，全ての時刻 t での g_t に関する **断面曲率が一様に有界**（つまり，ある最大値と最小値の間にある）ならば，M に関して幾何化予想は正しい．つまり，M は幾何構造を持つピースへの標準的な分解を持つ．

ここで，「正規化されたリッチ・フロー方程式」というのは，得られる解 $\{g_t\}$（リーマン計量の列）が，次を満たすように，変形（補正）したリッチ・フロー方程式のことです．

　　時刻 t によらず g_t で決まる多様体の「体積」が常に一定

この定理の証明では，断面曲率が有界という条件を使って，次のようなことを示しています．

　　リッチ・フロー $\{g_t\}$ が $t \to \infty$ において，定断面曲率のリーマン計量に収束するか，または，JSJ分解を与える本質的トーラスが見つかって，**スカラー曲率** の最小値が負の部分が，双曲幾何構造が入る多様体になる．

このような「リーマン計量の収束」については，微分方程式の理論なども使いますが，基本的に微分幾何学の手法で証明されて

います．ちょっと興味深いのは，本質的トーラスの存在性を示すところ，正確には，双曲幾何構造を持つ部分の境界として現れるトーラスが本質的（**圧縮不可能**）であることを証明する部分です．ここの証明では，シャボン玉の研究などに使われる**極小曲面**の理論が応用されているのです．

この定理によって，リッチ・フロー方程式を使ったハミルトンの幾何化予想へのアプローチが，かなり有望であることがわかるでしょう．

4.4.3　残された問題

さてでは，その「ハミルトンの定理3」を「改良」して，全ての3次元多様体に対して適用できるようにするには，どうしたら良いでしょうか．この問題に対するハミルトンのアプローチ，実際に彼が証明したこと，そして，証明できずに残されたことを見ていきましょう．

ネック・ピンチと手術

まず「ハミルトンの定理3」の仮定の1つは，解 $\{g_t\}$ が「全ての正の時間で存在」すること，というものでした．これがどういう意味かは，逆に成り立たない場合を紹介するとわかりやすいと思います．

例として「**ネック・ピンチ**」と呼ばれる状況があります．次の図は，一つ次元を落とした2次元多様体（曲面）の状況を表しています．

　左端が，時刻 0（初期値）のリーマン多様体（リーマン計量 g_0 が与えられている）を表しています．そこから，リッチ・フロー方程式を立て，解を求めてみると．．．ある時刻で右端の図の状況になってしまいます．（はじめのうち解が存在することは，ハミルトンの定理 2 でわかります．）

　右端の図は，中央の部分で「曲面が 1 点につぶれて」いる様子を表しています．（実際には，つぶれているわけではなく，その部分の接ベクトルの絶対値が 0 となり，長さが測れなくなってしまっている様子を図に表しています．）これでは，この時刻以降で，解となるリーマン計量を見つけることができません．つまり，「解 $\{g_t\}$ が全ての正の時間で存在する」ことができないのです！

　この中央の部分のように，それ以降のリーマン計量が存在できなくなっているような点は「**特異点**（singular point）」と呼ばれます．図は曲面に関するものでしたが，実際の 3 次元多様体の「ネック・ピンチ」は，$(-1, 1) \times S^2$ という部分が「つぶれて」いくようなものになります．想像が難しいとは思いますが．．．

　要するに，多様体や初期値のリーマン計量によっては，立てたリッチ・フロー方程式の解（リッチ・フロー）は，ある有限の時刻で特異点が発生し，全ての正の時間で解が存在することができないことがありうるわけなのです．

　ネック・ピンチのような状況は回避できないと思われました．そこでハミルトンは 1997 年に，リッチ・フロー方程式の解であ

4.4 ハミルトンの定理と残された問題

るリッチ・フローを，ネック・ピンチのところで「手術」することを提案します．

つまり，ネック・ピンチが生じる「直前」のある時刻に，つぶれてしまう $(-c, c) \times S^2$ の部分を「切り取り」，そこに3次元球体 B^3 を貼り付けます．ハミルトンが「手術」と呼んだこの操作は…　そうです，第3章124ページで説明した**連結和分解**をしているのと同じです！

そのあとに，改めて，リッチ・フロー方程式を立て直し，またその解を求め，もしまたネック・ピンチが生じる場合には，またこの「手術」を行い，そして繰り返す…　こうして，解（リッチ・フロー）を「つなげていって」，手術付きの解 $\{g_t\}$ を作っていくと，全ての正の時間で存在するものが得られそうです．

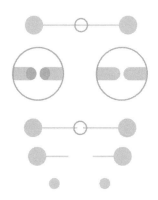

このようにネック・ピンチが生じる場合については，ハミルトンの方法で「**手術**」してうまくいきそうではあります．しかし基本的な問題として，他の場合はないのか，ということがあります．

178 | 第4章 ペレルマンの証明

つまり：

> 問題：もし「特異点」が生じた場合（リッチ・フロー
> が止まってしまった場合），（1）ネック・ピンチ
> のような状況が起こるか，もしくは，（2）多様体
> 全体が「つぶれてしまう」ときだけなのか？

（1）の場合には，前で述べた「手術」をすればいいです．
ただし，手術の後でうまくリッチ・フローが「つながる」ように
する必要があります．

（2）の場合には，「ハミルトンの定理1」や「定理3」のように，
そのようなときどういうリーマン計量に収束するか（極限として
どのようなリーマン計量になるか）を調べれば良いことになりま
す．実際，適切な仮定のもとでは，それは幾何構造になることが
期待できます．

特異点の近傍のモデル〜存在性〜

この問題にアプローチするため，ハミルトンは「特異点」の状
況を調べる必要がある，と考えたはずです．実は一般に，「特異点」
が生じるときには，そのリーマン計量の列 $\{g_t\}$ の断面曲率が無
限大∞に発散することが知られていました．そこで，そのような
「曲率の発散」の様子を調べるために，ハミルトンは，偏微分方
程式論の手法である「ブローアップ解析」を用いる研究を開始し
ました．

少し難しくなりますが，これについてのハミルトンの研究結果
を説明しましょう．

4.4 ハミルトンの定理と残された問題

まず，1982 年の論文において，ハミルトンは，リッチ・フローが，ある時刻 T から先，進まなくなってしまう場合には，確かに断面曲率の最大値が無限大に発散してしまうことを証明しました．

そのような「特異点」でのリッチ・フローの状況を調べるために，その断面曲率が発散してしまう点と時刻に注目します．そして，その点と時刻の状況を調べるために，その点の周りを「拡大」するような，補正を施したリッチ・フロー方程式を考えたのです．

1995 年には（定理 3 を与えたのとは別の論文で）ハミルトンは，そのような補正したリッチ・フロー方程式の解の一部が収束する極限 (M_∞, g_∞)，つまり，断面曲率が発散してしまうような点の近傍の「モデル」，が存在する十分条件を与えました．

それは，一様な断面曲率の値の絶対値の上限と，一様な単射半径の正の下限があれば良い，というものでした．

ここで，**単射半径**というのは，多様体上のその点で，どのくらい大きな半径の近傍が取れるか，という，その半径の値のことです．なんとなくの図ですが，多様体上の「広い」部分の点では単射半径が大きく，「狭い」部分の点では単射半径が小さい様子がわかるかと思います．

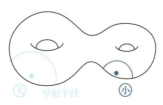

実際，ハミルトンが得た条件のうち，曲率の制限については，曲率が発散する点をうまく選ぶことによって，満たすように取れるのですが，単射半径の条件については，どのようにすれば良いのか，未解決のままでした．ペレルマンが登場するまでは...

つまりこの時点では，「断面曲率が発散してしまうような点の近傍の「モデル」」を調べたくても，それがいつでも存在するかどうか，さえまだわからない状況でした．

特異点の近傍のモデル〜分類〜

さらにハミルトンは，そのようなモデル（極限）が存在すると仮定して，その「形」(の分類)について研究を進めています．（ネック・ピンチ以外は出てきてほしくないのですが...）

1995年のまた別の論文で，ハミルトンは，様々な起こりうる「極限の形」を調べています．ところが残念ながら，<u>シガー・ソリトン</u>と呼ばれる極限が生じる可能性を排除できなかったのです．

シガー・ソリトン

この「シガー・ソリトン」が特異点の近傍として生じてしまうと，そこでリッチ・フローを手術することができなくて，ハミルトンのアプローチは破綻してしまいます．そこでハミルトンは，そのようなことは起こらないと予想し，それを証明するアプローチも述べてはいますが，証明を与えることはできませんでした...

さらに言えば，そのようにして得られた「特異点の近傍のモデ

ル」が，本当に，リッチ・フローにおいて曲率が十分に大きくなる点の近傍としていつでも現れるかどうか，も未解決のまま残されていました．ペレルマンが登場するまでは...

4.5 ペレルマンが示したこと

とうとう最終節になりました．100年に及ぶポアンカレ予想へのアプローチ，長かったですね．

この節では，ペレルマンが3本の論文で，実際，何を示し，どうやってハミルトンのアプローチを完成させたのか，本当に簡単にではありますが，説明していきます．

4.5.1　局所非崩壊定理

まず最初のペレルマンのブレークスルーは，「局所非崩壊定理」と呼ばれる定理でした．これによって，前節で説明した「断面曲率が発散してしまうような点の近傍」の「モデル」が確かに存在すること，そして，ハミルトンが排除できなかった「シガー・ソリトン」が，そのモデル（極限）としては現れないことが証明できるのです．

さて，その「局所非崩壊定理」を紹介しましょう．専門用語満載ですが，とりあえず，そのまま直訳した感じで書いてみます．

182 | 第4章　ペレルマンの証明

局所非崩壊定理（No local collapsing theorem）

M を（3次元とは限らない n 次元の）閉リーマン多様体とし，M に対してリッチフロー $\{g_t\}$ が範囲 $(0, T)$ の時間で存在したとする．このとき，任意の正の数 ρ に対して，以下の条件を満たすある正の数 κ が存在する：ρ 未満の正の実数 r に対して，時刻 t における M 内の半径 r の球の中で，断面曲率の絶対値が $\frac{1}{r^2}$ 未満ならば，その球の体積は κr^n 以上．

　詳しい説明は省略しますが，リッチ・フローについて，おおよそ「断面曲率の絶対値の最大値がわかれば，その部分の小さな球の体積の最小値がわかる」ということは見て取れるかと思います．これはつまり，だいたい

　　　　局所非崩壊定理＋曲率の制限⇒単射半径の下限

が導かれるということなのです．

　ちなみに，ペレルマンのこの定理の証明の鍵は，W- **汎関数（エントロピー**）と簡約体積 $\widetilde{V}$ というものでした．

　ここで「エントロピー」というのは，もともと物理学（熱力学）の用語です．大雑把に言えば，状態の「乱雑さ」を測る量のことです．1865 年に熱力学の第 2 法則[6] を記述する際に導入されたそうですが，重要なのは「放っておけばだんだんエントロピーは

　　[6]「まわりに何の変化も起こさずに，低温物体から高温物体に熱を移動させることはできない」というものです．

増大する」という,いわゆるエントロピーの増大則と呼ばれるものです.

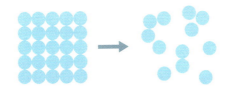

ペレルマンが導入した「エントロピー」も,実際,リッチ・フローによって増大していくことが示されます.これが「非崩壊」を証明する鍵になるのです.このような「エントロピー」を用いることは,2次元の場合(つまり曲面に対して)はすでに研究されていましたが,3次元以上では全くわかっていなかったものなのでした.

ペレルマンは,この局所非崩壊定理を使って,単射半径の下限を与え,「特異点の近傍のモデル(ブロー・アップ極限)」が確かに存在することを証明しました.

さらにペレルマンは,3次元の場合に関して,曲率に関する条件をつけた「特異点の近傍のモデル(ブロー・アップ極限)」を,「κ 解(κ-solution)」と呼んで,次のような分類定理を証明したのです.

184 | 第4章 ペレルマンの証明

> **3次元κ解の分類定理**
>
> 3次元κ解は，次のどれかになる：
>
> - 球面幾何構造を持つ多様体
> - ネック・ピンチ（のようなもの）

特に，この定理から，（問題だった）「シガー・ソリトン」が「特異点の近傍のモデル」として出てこないことがわかります．

そして，この解の分類を使ってペレルマンは，リッチ・フローにおいて曲率が発散しそうな点の近傍は，κ解の対応する領域と基本的に同じ，という次の定理を証明します．

> **標準近傍定理**
>
> 閉3次元多様体 M について，リッチ・フロー $\{g_t\}$ が範囲 $0 \leq t < T$ で存在するとき，その（スカラー）曲率が「十分大きい」点の近傍は，3次元κ解の対応するような領域と相似になる．

これによって，「特異点の近傍のモデル」の候補だったブロー・アップ極限が，本当にリッチ・フローにおいて現れる，ということが（ようやく）わかったのです．

4.5.2 手術付きリッチ・フロー

これまでの内容は，主にペレルマンの1本目の論文の内容でした．新しいアイディアも多く，しかも途中，他の内容も含まれて

4.5 ペレルマンが示したこと | 185

いるのに，たった39ページの論文です．したがって，内容も非常に濃く，理解が難しいものになってしまっています...

ではペレルマンの2本目の論文は何を扱っているのか，というと，「リッチ・フローの特異点を扱うための手術のアルゴリズムの開発」です．

「リッチ・フローの手術」について，標準的なネック・ピンチに関しては，ハミルトンがすでに研究していたわけですが，ペレルマンが示した前節の結果を使うためには，さらに「技術的な改良」が必要でした．

実際，次のような問題がありました．

問題1：どこで手術をするか（できるか）.

「3次元κ解の分類定理」と「標準近傍定理」を合わせても，リッチ・フローに特異点が生じたときわかるのは，「球面幾何構造を持つ多様体が1点につぶれる」か「ネック・ピンチ（のようなもの）が生じるか」のどちらか，ということです．手術をするのは後の場合だけなので，このどちらが生じるのか判定する必要があります．そのためには，特異点の近傍（κ解）を詳しく調べ，手術を施す「場所（点）」をきちんと選ぶ必要があります．

問題2：曲率に関する仮定を壊さないように手術ができるか.

手術を繰り返しするために，つまり，標準近傍定理を繰り返し使えるようにするために，曲率の条件を保つように手術をすることが必要です．

問題3：手術する時刻が集積しないか.

これが意外と厄介です．つまり，手術を繰り返ししても，リッ

チ・フローが全ての正の時間で存在できるかわからないのです．例えば，手術する時刻が，

$$t=1, \ 1+\frac{1}{2}, \ 1+\frac{1}{2}+\frac{1}{4}, \ 1+\frac{1}{2}+\frac{1}{4}+\frac{1}{8}, \cdots,$$

などとなっていたら...いつまで経っても時刻 $t=2$ を超えません！ これでは困ってしまいます．このようなことを防ぐには，手術する時刻が「集積しない」(有限の時間に収まらない) ことを示す必要があるわけです．

これらの技術的な問題を乗り越えて，ペレルマンは2本目の論文で，次のことを示します．

> **手術付きリッチ・フローの存在**
> 閉3次元多様体に対して，「手術付きリッチ・フロー」を正しく定義することができる．特に，ある時刻において全体がつぶれない限り，それは全ての正の時間において存在する．

詳しい証明には到底，触れられませんが，例えば，問題3に対しては，手術をする部分の体積を計算することによって，手術する時刻は有限時間範囲に有限回であることを示しています．

4.5 ペレルマンが示したこと | 187

4.5.3 手術付きリッチ・フローの長時間挙動

これまでの議論により，ペレルマンは「手術付きリッチ・フロー」の存在を示しました．後は，本章 174 ページのハミルトンの定理 3 のように，うまく多様体が幾何構造を持つ部分に分解されることを示せば良いわけです．つまり，手術付きリッチフローの長時間挙動を調べることになります．

しかし，それとは別に，ペレルマンは 3 本目の論文で，有限時間消滅定理と呼ばれる次の定理を証明しています．

有限時間消滅定理

閉 3 次元多様体 M が，連結和分解により有限基本群の多様体だけに分解されるとき，M をスタートとする手術付きリッチ・フローは有限時間で消滅する．さらに，手術付きリッチ・フローが有限時間で消滅する（つまり，多様体が 1 点につぶれる）ならば，実はその多様体は，有限個の球面幾何構造が入る多様体と $S^2 \times S^1$ の連結和である．

これによって，直接に（幾何化予想を経由せずに）ポアンカレ予想が解決されることが，次のようにしてわかります（基本群の説明をちゃんとしていないので，申し訳ないのですが）．

閉 3 次元多様体 M の基本群が自明だとします．するとその基本群はただ 1 つの要素からなる群なので，特に**有限群**と呼ばれる群になります．すると，上の定理より，M は有限個の球面幾何

188 | 第4章　ペレルマンの証明

構造が入る多様体と $S^2 \times S^1$ の連結和になります．このとき，3.6節で説明したように，そのような M で**単連結**である（自明な基本群をもつ）のは，3次元球面 S^3 だけだとわかるのです．

残されているのは，一般の場合の幾何化予想の証明です．以下，大雑把にですが，残りの議論を説明します．

さて，閉3次元多様体 M に対して，手術付きリッチ・フローがすべての正の時間に存在したとします．（手術の回数は無限回でも構いません．）

このとき，まずスカラー曲率と断面曲率に着目して，M の「**太い部分（thick part）**」と呼ばれる部分を定義します．

この「太い部分」を調べると，実は十分大きな時刻 t において，曲率の最大値が計算できることがわかります．このことから，$t \to \infty$ のとき，「太い部分」の極限の境界は本質的トーラスになり，「太い部分」は双曲幾何構造をもつ多様体に収束することが示せるのです．

一方で，「太い部分」ではない点においては，曲率の最小値が計算され，その近くの球体の体積が「比較的」小さいことがわかります．このときは，$t \to \infty$ において，多様体は「曲面のようにつぶれて（崩壊して）」，その結果，そのような点からなる部分は，トーラス分解でザイフェルト多様体だけに分解されるということが示せるのです．なお，そのようなトーラス分解でザイフェルト多様体のみがでる多様体を**グラフ多様体**（graph manifold）と言います．

この「太くない部分」（崩壊する部分）の研究は，実際，以前

4.5 ペレルマンが示したこと | 189

にペレルマンが主にしていたものでした．いわゆる**アレクサンド
ロフ空間**と呼ばれる空間を調べる研究です．

　ちなみにアレクサンドロフ空間というのは，多様体ではないけ
れど，距離や曲率が定義される空間のことです．1948 年に，ペ
レルマンの指導教官であったロシアの数学者 A. アレクサンドロ
フにより，研究が始められたのでこのように呼ばれています．

　ただし，この極限がグラフ多様体になるという定理は，ペレル
マンの 2 本目の論文で述べられてはいるのですが，その証明は，
その論文中には書かれていないのです．

　実際，2 本目の論文の中でペレルマンは

> The proof of the theorem above will be given in a
> separate paper; it has nothing to do with the Ricci
> flow;
> 上の定理の証明は，別の論文の中で与えられるで
> しょう：（というのは）それはリッチ・フローとは
> なんの関係もないからです；

と書いています．しかし，その後の論文は書かれないままでした．
彼の以前の専門だったことから，多分，ちゃんとした証明はでき
ていたのだと思われますが…

　代わりにその定理の証明を与えたのは，日本の数学者の塩谷
隆先生（現東北大学教授）と山口 孝男先生（現京都大学教授）
でした．次の共著論文の中で証明がなされています．

第4章　ペレルマンの証明

> Shioya, T. and Yamaguchi, T.,
> Volume collapsed three-manifolds with a
> lower curvature bound.
> Mathematische Annalen, volume 333
> (2005), 131-155.

　このようにして，世紀の難問と呼ばれたポアンカレ予想，そして，その一般化である幾何化予想の証明が完成されたのでした．

付録

非ユークリッド幾何について

1. 球面幾何について
2. 双曲幾何について

付録　非ユークリッド幾何について

まず「非」ユークリッド幾何学の「発見」にまつわる話を簡単にみておきましょう．

第1章19ページで触れた「世界で最初の数学書」とも呼ばれるユークリッドの「**原論**」(英語ではElements)がそもそもの始まりです．原論は紀元前3世紀頃に古代ギリシャの数学者ユークリッドによって編纂されたとされています．以来，約2000年にわたって，ヨーロッパでは幾何学の「教科書」として，使われてきました．日本語訳も1971年に出版され，21世紀になっても新版が出版されています．(20世紀のアメリカの数学史研究者によれば，原論は「聖書の次に重版を重ねられた書物」だそうです.)
写真は1570年に出版されたという初めての英語版の表紙です．

ユークリッド原論は全13巻からなり，幾何学に関する部分だけでなく，当時の数学の集大成として作られていたのではないか，といわれています．その特徴として最も特筆すべきことは，「定義」「公準」「共通概念」と呼ばれる「議論の前提」が，まず最初に

提示され，それを元に「定理」が述べられ「証明」されていく，というスタイルにあります．

正確には，例えば「点は部分をもたないものである」というような23個の「定義」に続いて，5つの公準が与えられています[1]．この「公準」とは，以降の図形に関する命題の証明の基礎となる事柄，そしてそれらは証明できず自明として認めるべき事柄，として述べられたものです．実際の公準は以下の5つです．

1. 任意の一点から他の一点に1本の直線を引くこと．
2. 有限の直線を連続的にまっすぐ延長すること．
3. 任意の中心と半径で円を描くこと．
4. すべての直角は互いに等しいこと．
5. 直線が2直線と交わるとき，同じ側の内角の和が180°より小さいならば，その2直線が限りなく延長されると，内角の和が180°より小さい側で交わる．

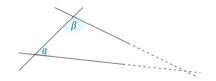

みればすぐにわかる（というより逆にわからない？）ように，**第5公準**だけが，とりわけ長くて複雑です．

---

[1] 公準に続いて9つの「共通概念」が述べられています．この「共通概念」とは「同じものに等しいものは，互いに等しい」というような議論の根拠になる事柄です．

194 | 付録　非ユークリッド幾何について

　しかし，奇妙な感じを受けませんか．どうしてユークリッドは，これを証明できないという「公準」にしたのでしょう？

　もしかしてこれだけはユークリッドのミスで，他の4つを上手く使えば証明できるのでは？　そう考える数学者は，実はかなり初期からいて，実際，5世紀には注釈として書かれていたそうです．

　以降，1000年以上にわたって，数々の数学者（幾何学者）が，この第5公準を他の4つの公準から証明しよう，と試みてきました．

　そして，19世紀に入り，とうとう「ある意味でユークリッドは正しい！」，つまり，次のことが「発見」されたのです．

> **第5公準**は他の公準だけを使っては証明することができない．さらに第5公準の否定を仮定しても，ちゃんと（別の）幾何学を構成することができる．

　この付録では，この非ユークリッド幾何学として「発見」された双曲幾何学と，それ以前から「別の」幾何学として知られていた球面幾何学について，少し補足をしていきたいと思います．

1. 球面幾何について

さて球面幾何学は、高校までで習ったユークリッド幾何学と、ずいぶんと異なる点が多くあります。ここではそのうち、直線と平行について説明してみましょう。

ユークリッド平面 $\mathbb{R}^2$ 上では、2本の直線の位置関係として、「一致する（重なる）」「1点で交わる」「平行である」の3通りがありました。そして、この3通りのいずれかが必ず成り立つのでした。ここで2本の直線が全く交わらないとき、「平行」であるというのでした。

しかし球面上では実は「平行線」が存在しないのです。2本の直線の位置関係としては、「一致する（重なる）」もしくは「**2点で交わる**」だけが成り立つことになります。

さてこのことをきちんと証明してみたいのですが、まずその前に、球面上での「直線」を考える必要があります。

「球面は曲がっているのだから、直線はありえない」

確かにその通り。でも例えば、地球上で「まっすぐに」飛行機を飛ばすことはできますね。つまり、ある一定の方向に、途中で曲がることなく進む、という意味です。そんな感じで、球面上のまっすぐな線として「直線」を決めます。すると実は、この線は「**大円**」の一部になることがわかるのです。大円とは球面の中心を通る平面と球面との交わりとして現れる円です。（残念ながら、どうしてかはここでは説明しませんが。）

付録　非ユークリッド幾何について

さて，このように「直線」を決めると，球面上には「平行線」が存在しないことを示しましょう．まず球面上で2本の「直線」ℓ と ℓ' を考えます．つまり，ℓ と ℓ' は共に大円です．大円は，球面の中心を通る平面と球面との交わりだったので，ℓ と ℓ' に対して，球面の中心を通る2つの平面 P と P' が対応します．

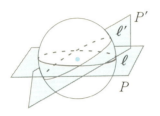

この P と P' は，共に球面の中心を通るわけなので，もちろん交わります．3次元ユークリッド空間 $\mathbb{R}^3$ 内で，平面と平面との交わりは直線です．これを m としましょう．この m は球面の中心を通ります．球面の中心は，球面の内側にあり，m は無限に伸びているのだから，m は球面と交わらなければいけません．この m と球面の（2つの）交点は，ℓ と ℓ' との交点にもなっています．つまり，ℓ と ℓ' は必ず交わります．いかがでしょうか？

「なんだか回りくどくて，わかりにくい．」そんな声が聞こえてきそうですが，幾何学だからと言って，図を描いて，ほらこの通り，よって，証明終わり，というわけにはいきません．そこが数学の面倒くさい（面白い？）ところで，きちんと論理的に説明（証明）する必要があるのです．もしわかりにくければ，自分で図を描きながら，順序立てて考えてみると良いかと思います．

球面幾何学と楕円幾何学

ところで,よく非ユークリッド幾何学の例として,球面幾何学が挙げられることがあります.

しかし,球面幾何学では,いま見たように,2本の直線が2点で交わるので,ユークリッドの原論の第1公準「任意の一点から他の一点に1本の直線を引くこと」に反しています.この意味では,第1~4公準と「第5公準の否定」を仮定する「非ユークリッド幾何学」とは言えないことになります.

そこで球面ではなく**射影平面**と呼ばれる向き付け不可能曲面を用いた幾何学を,球面幾何学と同様に構成して,これを「**非ユークリッド幾何学**」の一つと

することがあります.これを**楕円幾何学**と呼びます.

さらにユークリッド幾何学のことを,放物幾何学とも呼んだりします.

このような呼び方は,ギリシャのアポロニウスによる円錐曲線の研究が背景にあるのです.

円錐曲線とは,図のように円錐を切った切り口として現れる曲線のことです.左から,放物線,楕円,双曲線,と呼ばれています.

2. 双曲幾何について

ここでは，2.2.3 節で取り扱った双曲幾何学 (hyperbolic geometry) の発見の経緯を少しだけ書いてみます．

まずはガウスです．第 2 章 72 ページでも触れたように，ガウス – ボンネの定理を公に発表しなかったガウスは，この「第 5 公準の否定を仮定した幾何学（いわゆる非ユークリッド幾何学）の発見」についても，公に発表（出版）しませんでした．一説には，当時の社会がユークリッド幾何を「否定」する理論を受け入れるわけはなく，そのため，論争に巻きこまれるのを怖れたから，とも言われています．しかし，数学史家の研究によれば，1824 年に友人宛に書いた書簡の中で，第 5 公準の否定を仮定とする幾何学，今でいう「**双曲幾何学**」について書いているそうです．

実際に，この双曲幾何学について，はっきりと最初に出版したのは，ロシアの数学者ニコライ・イワノビッチ・ロバチェフスキー（写真）でした．ロバチェフスキーは 1829 年にはロシアで論文を出版したそうですし，実際には，それ以前の 1823 年には「発見」していたとされています．

2. 双曲幾何について | 199

一方で，全く独立に，ハンガリーのボーヤイ・ヤーノシュ[2]は，ガウスの友人で数学者であった父ボーヤイ・ファルカシュの影響もあって，第5公準の問題を研究し，1823年には「双曲幾何学」を「発見」した，とされています．その後，1832年に父ファルカシュの書いた本の付録として，その理論を発表しました．ファルカシュは，その本をガウスに送ったのですが… ガウスの返事は

「この付録を賞賛することは自分自身を賞賛することになります．その内容は，過去30~35年間，考えてきた私自身のものとほぼ正確に一致しているのです．」

というものでした．この返信を受けたボーヤイのショックはどれほどだったことでしょう…

現在では，彼の業績は高く評価され，彼の名前を冠した大学や数学賞，さらには小惑星もあり，また，彼の書いた「付録」はユネスコ記憶遺産にも登録されているのです．

----

[2] ここではハンガリー語に合わせて，姓・名の順に書いています．

読書案内

　ポアンカレ予想について，多くの人が興味を持つきっかけになったのは，次のテレビ番組ではないかと思います．

> 　ＮＨＫスペシャル「100年の難問はなぜ解けたのか～天才数学者失踪の謎～」，初回放送 2007 年 10 月 22 日（月）午後 10 時 00 分～10 時 59 分

　現在は DVD も発売されていますし，NHK オンデマンドで見ることもできるそうです．初めて見たとき，やはり視覚的によくわかるのは素晴らしい！　と感じました．またペレルマン氏についてのインタビューや取材はとても興味深く見させてもらいました．

　この番組のプロデューサーが，その制作について書いた本が次です．苦労話や人物像など，番組と合わせて読むとより深く理解できると思います．

> 　春日真人『100年の難問はなぜ解けたのか―天才数学者の光と影』，新潮社，2011 年．

　ポアンカレ予想とその解決にまつわる様々なお話について，より詳しく知りたい方には，例えば次を挙げたいと思います．

ドナル・オシア『ポアンカレ予想を解いた数学者』
糸川洋訳，日経 BP 社，2007.

マーシャ・ガッセン『完全なる証明　100 万ドルを拒
否した天才数学者』，青木薫訳，文藝春秋，2009.

ジョージ・G・スピーロ『ポアンカレ予想　世紀の謎
を掛けた数学者，解き明かした数学者』，永瀬輝男・志
摩亜希子監修，鍛原多惠子・坂井星之・塩原通緒・松
井信彦訳，早川書房，2007.

　どれも一般書として海外で出版され，翻訳されているものです.
これらは，それぞれ視点は異なるのですが，ポアンカレ予想を解
いたペレルマン氏について，その背景から詳しく知ることができ
ます.
　最後により詳しく数学的な内容が知りたい場合には，例えば以
下の本が挙げられます.

根上生也『トポロジカル宇宙　完全版―ポアンカレ予
想解決への道』，日本評論社，2007.

森元勘治『3 次元多様体入門』，培風館，1996.

小島定吉『講座数学の考え方〈22〉3 次元の幾何学』，
朝倉書店，2002.

根上先生の本は，この本と同じような内容を，もっと非常にわかりやすく，解説をしています．物語風になっていたりして，イメージを掴むには，とても良いと思います．啓蒙書を出版されたりTVにも出ている根上先生らしい本です．

より詳しく3次元多様体について，数学的に知りたいという方には，森元先生と小島先生の本をお勧めします．これらの本については，ある程度，トポロジーについての前提知識が必要です．少し準備の勉強をしてから取り掛かった方が良いかもしれません．

森元先生の本は，本格的に3次元多様体について勉強するための本です．現在では少し古典的とも言える内容になってしまいましたが，最先端の研究に進むための基礎知識が，非常に丁寧にまとめられています．トーラス分解定理の証明や，本書では触れられなかった3次元多様体のヒーガード分解についてなどが書かれています．残念ながら，長らく絶版となっていたのですが，現在は森元先生のwebsiteから，フリーでダウンロードできるようになっています．

小島先生の本は，大学生もしくは大学院生向けの数学書であり，低次元の幾何学を勉強するには，とても良い本だと思います．後半は，ポアンカレ予想の解決以降の研究の一つの方向性として，トポロジーと微分幾何学をつなぐという，結び目理論における「体積予想」について触れられています．

あとがき

2006 年のマドリードでの ICM のときの事です．実はいろいろご縁があって，ポアンカレ予想と特にペレルマンの業績について，僕の（なんだか偉そうな）コメントが朝日新聞（2006 年 8 月 23 日，朝刊）に載ってしまいました．正直，僕では明らかに役者不足で，後で他の先生方に随分とからかわれたものです…

今回，ポアンカレ予想について書いてみないか，というお話をいただいたときも，そのことが頭をよぎり悩みました．でもあれから 10 年経って，少しは僕にできることもあるのかなと考えて，思い切って引き受けたのでした．

もちろん僕一人では，この本を完成させることはできませんでした．

北見工業大学の蒲谷祐一さんと，大阪市立大学の秋吉宏尚さんには，綺麗な図を提供して頂きありがとうございました．さらに蒲谷さんには，原稿段階から，詳しくみていただき，本当に感謝しています．それから，技術評論社の成田恭実さんには本当にお世話になりました．ありがとうございました．

それからもちろん夏休みの帰省中や家族旅行中まで仕事を持ち込み，ずいぶんと迷惑をかけてしまった家族には本当に感謝しています．

最後に，この場をお借りして，これまで関わった全ての方々に，心よりの感謝を申し上げ，この本を捧げます．本当にありがとうございました．

学校で学ぶ数学は，もしかしたら計算ばかりで退屈だったかもしれません．わけのわからない記号ばっかりだったり，どうしてこんなことをしなくちゃいけないのだろう？　というものだったかもしれません．

しかし実際には，今，現在も数学者は，今まで誰も解けなかった未解決問題にチャレンジしたり，誰も考えなかった新しい概念を考え，理論を構築したりしています．この瞬間にも，新しい定義や定理が生まれ，どこかで発表されていたり，議論されています．

そんな，今も鮮やかに生きている数学を少しでも知ってもらえたら幸いです．

2017 年夏 @ 横浜　市原一裕

索引

＜ 英字 ＞

arXiv	149,150
ICM	148
nilpotent	113
$SL\,(2:\mathbb{R})$	114

＜ あ行 ＞

アインシュタイン	165
アインシュタイン多様体	170
圧縮円盤	131
圧縮不可能	138,175
圧縮不可能曲面	132,145
アニュラス	108
アポロニウス	197
アレクサンドロフ空間	148,189
位相幾何学	12
一葉双曲面	163
宇宙原理	13
エイゴル	121
n 次元ユークリッド空間	19
エルランゲン・プログラム	85
円周率	77
円錐曲線	197
円柱	108,162
エントロピー	182
オイラー	45
オイラーの多面体定理	45,73
オイラー標数	48,71,73

＜ か行 ＞

開円板	29,30,41
開集合	40
ガウス	72,198
ガウス曲率	71,161
ガウス - ボンネの定理	71,79
可解群	118
κ 解	183
幾何化	60,66,86
幾何学	12,86
幾何化予想	61
幾何構造	61,66,90,103,137,140
基本群	43,52
球	10
球面	27
球面幾何	195
球面幾何学	75
球面幾何構造	172
球面三角形	75

＜ さ行 ＞ （続き）

驚異の定理	164
境界	133
極小曲面	175
局所非崩壊定理	182
曲線の長さ	153
曲面	46,63
曲面束	116
曲面の分類定理	47
曲率	71,158
曲率テンソル	165
距離空間	40
近傍	24,39
クネーザー	127
クライン	85
クライン群論	62
グラフ多様体	188
クレイ数学研究所	151
計量	65
「原論」	19,192
公準	193
合同	26,67
国際数学者会議	149
弧長パラメーター表示	159
弧度法	76

＜ さ行 ＞

サーストン	60,62
一の怪物定理	138
一の幾何化予想	137
ザイフェルト	115
ザイフェルト多様体	115,133
座標	17,18
一平面	18
三角不等式	43
3 次元球面	27,30,92
3 次元多様体	13,25
3 次元トーラス	35,91,101
JSJ 分解	129
シガー・ソリトン	180
次元	16
射影平面	197
手術付きリッチ・フロー	186
種数	48,79
数直線	86
スカラー曲率	167,174
図形	17
図形の方程式	22
接ベクトル	154,165
素	127
双曲幾何学	82,96,198
相似次元	21
速度ベクトル	154

＜ た行 ＞

大円····················195
第5公準················193
体積····················174
楕円幾何学··············197
多様体················21,25
単射半径················179
断面曲率············166,174
単連結·······58,106,114,145,188
直積幾何構造··············99
直積集合················18,99
直積多様体··············100
定曲率幾何学········84,99,104
低次元··················88
デーン・ツイスト········117
デーンの補題············141
等質空間················105
同相··················24,26
トーラス··············34,64
トーラス分解定理········130
特異点··················176
トポロジー··············12

＜ な行 ＞

内積····················155
ナッシュ‐モーザーの陰関数定理····173
2次元球面················53
2次元ユークリッド平面········18
Nil 幾何学··············113
ねじれ積················110
ネック・ピンチ··········175

＜ は行 ＞

ハーケン················145
ハーケン多様体··········138
ハイゼンベルグ群··········113
背理法················52,73
8の字結び目············136
ババキリヤコブーロス········141
ハミルトン··········149,168
被覆空間················92
微分可能················156
微分幾何学··········150,152
微分方程式··············170
非ユークリッド幾何学····82,197
標準近傍定理············184
ファイバー··············110
ファイバー束············110
フィールズ賞········63,149,151
フォン＝ダイク············72
太い部分················188
フラクタル··············20

＜ ま行 ＞

プレプリント··············151
閉曲面··················47
平行線··················196
閉集合··················40
閉多様体··············38,43
平面····················17
ベッチ数················139
ベレルマン··············148
ポアンカレ··············13,15
ポアンカレ十二面体空間········50,96
ポアンカレ予想········15,37,57
補遺····················14
ボーヤイ················199
ホップ・ファイブレーション····112
ホモトピック············54
ホモロジー群············49
ホワイトヘッド多様体········58

＜ ま行 ＞

ミレニアム問題··········151
無限大∞················178
結び目··················135
メビウスの帯············48,108

＜ や行 ＞

有界である················39
有界閉集合················43
ユークリッド··········19,192
ユークリッド幾何学········26,66
ユークリッド空間··········19
有限群··················187
有限時間消滅定理··········187
四色問題················145

＜ ら行 ＞

ライデマイスター··········95
ラジアン················77
リーマン··············85,156
リーマン計量··········152,156,169
リーマン多様体··········156
リーマン予想············156
リッチ・フロー··········170
リッチ・フロー方程式········169
リッチ曲率··········158,167,172
リッチ曲率テンソル········166
ループ············53,55,141,142
連結····················48
連結和··················125
連結和分解··········124,177
レンズ空間··············95
ロバチェフスキー··········198

【写真・画像のクレジット一覧】

■巻頭

＜北見工業大学　蒲谷祐一氏＞
Ⅷページ　……………… トーラス結び目

Ⅹ，Ⅺページ　……… 3次元多様体の双曲幾何構造の変形，フラクタル

＜大阪市立大学　秋吉宏尚氏＞
Ⅸページ　…………… 8の字結び目

＜ Wikipedia ＞
Ⅱページ　…………… 射影平面，クラインの壺

Ⅳページ　…………… 国際数学オリンピックのロゴ

Ⅴページ　…………… 鞍点

Ⅶページ　…………… ホップ・ファイブレーション

Ⅻページ　…………… 曲面上のリッチ・フロー

■本文

＜ Wikipedia ＞
13ページ　…………… H・ポアンカレ

19ページ　…………… 『ユークリッド原論』のパピルス写本の断片

45ページ　…………… ケーニヒスベルグの橋

60ページ　…………… W. サーストン

72ページ　…………… C.F. ガウス

85ページ　…………… F. クライン

112ページ　…………… ホップ・ファイブレーション

119ページ　…………… E. ガロア

122ページ　…………… I. エイゴル

148ページ　…………… G. ペレルマン

157ページ　…………… B. リーマン

163ページ　…………… 神戸ポートタワー

167ページ　…………… グレゴーリオ・リッチ＝クルバストロ

167ページ　…………… R. ハミルトン

168ページ　…………… 曲面上のリッチ・フロー

173ページ　…………… J. ナッシュ

192ページ　…………… 1570年出版の「原論」の英語版書影

198ページ　…………… N.I. ロバチェフスキー

＜ Web サイト＞
63ページ　…………… サーストンのレクチャーノート（http://library.msri.org/books/gt3m/）
　　　　　　　　　　　　を参考に著者が作成

上記以外の図は著者のオリジナルです．

著者プロフィール

市原 一裕（いちはらかずひろ）

日本大学文理学部数学科教授．1972年生まれ．専門は，低次元位相幾何学，
特に三次元多様体論，および数学教育学．主な著書『ひらいてわかる線形代数』
（共著，数学書房，2011年），教科書執筆『高等学校「数学」』（数研出版），
論文 "Exceptional surgeries on alternating knots"（共著，Communi-
cations in Analysis and Geometry，2016年）など．

数学への招待シリーズ

低次元の幾何からポアンカレ予想へ
～世紀の難問が解決されるまで～

2018年1月19日　初版　第1刷発行
2018年2月24日　初版　第2刷発行

著　者　市原 一裕
発行者　片岡 巌
発行所　株式会社技術評論社
　　　　東京都新宿区市谷左内町21-13
　　　　電話　03-3513-6150　販売促進部
　　　　　　　03-3267-2270　書籍編集部

印刷・製本　港北出版印刷株式会社

装　丁　中村 友和（ROVARIS）
本文デザイン，DTP　株式会社キーステージ21
協　力　蒲谷 祐一

本書の一部，または全部を著作権法の定める範囲を超え，無断で
複写，複製，転載，テープ化，ファイルに落とすことを禁じます．
©2018 市原 一裕

> 造本には細心の注意を払っておりますが，万が一，乱丁（ページの
> 乱れ）や落丁（ページの抜け）がございましたら，小社販売促進部
> までお送りください．送料小社負担にてお取り替えいたします．

定価はカバーに表示してあります．
ISBN978-4-7741-9478-3　C3041
Printed in Japan

> 本書に関する最新情報は，技術評論社
> ホームページ（http://gihyo.jp/）を
> ご覧ください．
>
> 本書へのご意見，ご感想は，以下の宛
> 先へ書面にてお受けしております．
> 電話でのお問い合わせにはお答えいた
> しかねますので，あらかじめご了承く
> ださい．
>
> 〒162-0846
> 東京都新宿区市谷左内町21-13
> 株式会社技術評論社　書籍編集部
> 『低次元の幾何からポアンカレ予想へ』係
> FAX：03-3267-2271